Eduard Wilczek

Das Mittelmeer

seine Stellung in der Weltgeschichte und seine historische Rolle im Seewesen

Eduard Wilczek

Das Mittelmeer
seine Stellung in der Weltgeschichte und seine historische Rolle im Seewesen

ISBN/EAN: 9783741169892

Hergestellt in Europa, USA, Kanada, Australien, Japan

Cover: Foto ©Klaus-Uwe Gerhardt /pixelio.de

Manufactured and distributed by brebook publishing software
(www.brebook.com)

Eduard Wilczek

Das Mittelmeer

Das Mittelmeer,

seine

Stellung in der Weltgeschichte

und seine

historische Rolle im Seewesen.

❖

Skizze

von

Eduard Graf Wilczek.

Wien.

Verlag von Carl Konegen.

1895.

Vorwort.

Sowohl die etwas ungewöhnliche Form, in welcher die nachfolgenden Zeilen vor die Öffentlichkeit treten, als auch deren, von der breiten Heerstraße historischer Darstellung abweichender Inhalt lassen es nöthig erscheinen, denselben ein kurzes Wort der Erläuterung, wenn man will der Rechtfertigung, voranzusenden. Allerdings sollte ein jedes Werk, das sich aus dem Zwielicht der bescheidenen Studierstube an den hellen Tag zu treten herausnimmt und somit das Urtheil sachverständiger Kritik herausfordert, die Rechtfertigung in sich selbst tragen; es sollte nicht darauf angewiesen sein, mittelst vorwörtlicher captatio benevolentiae an den erhofften Leserkreis zu appellieren, sondern sollte durch das Gebotene selbst dessen Beifall, oder doch mindestens die Anerkennung der Daseinsberechtigung erringen. Allein selbst letzteres ist bei der Überfülle literarischer Production, mit welcher der Markt überschwemmt und das Lesebedürfnis des Publicums übersättigt wird, eine schwierige, wenn nicht geradezu hoffnungslose Sache; und tritt noch das Bewusstsein des Autors hinzu, mit der thatsächlichen Leistung hinter dem ehrlichen guten Willen um ein beträchtliches Stück zurückgeblieben zu sein, so wird er nur schwer der üblichen Autorenunsitte entsagen können, in einem meist ungelesen

bleibenden Vorworte den leitenden Grundgedanken noch speciell
hervorzuheben, der sich als rother Faden durch seine Arbeit zieht.

Indem der Verfasser hiemit der genannten Unsitte
huldigt, thut er es in der vollen Erkenntnis ihrer praktischen
Nutzlosigkeit, gleichsam als ein dem Herkömmlichen dar-
gebrachtes Opfer. Diese Erkenntnis enthebt ihn auch der
Mühe, weitschweifig zu werden, sowie sie ihm auch den
beinahe naiv-komischen Widerspruch nicht verhüllt, der in ihr
gegenüber der eingangs betonten Nothwendigkeit der Erläuterung oder Rechtfertigung liegt. Aber, du lieber Himmel!
Wer kann sich von jedem Widerspruch, von jeder Inconse-
quenz freihalten! Besteht doch das tägliche Leben in einem
unausgesetzten Transigieren zwischen gegensätzlichen Stand-
punkten! Und gleichwie im Rechtsleben das summum jus
zur summa injuria werden kann, so führt auch im gemeinen
Leben das starre Festhalten an der Consequenz à tout prix
leicht zur Pedanterie, zu eigensinniger Hartnäckigkeit, ja nicht
selten geradezu ad absurdum. Und so wolle auch der freund-
liche Leser, der etwa ausnahmsweise das Vorwort eines
Buches würdigen sollte, die hiemit offen eingekannte Incon-
sequenz des Verfassers verzeihen.

Die nachfolgende, unter dem etwas langathmigen Titel:
„Das Mittelmeer, seine Stellung in der Weltgeschichte und seine historische Rolle im Seewesen," gebrachte Studie entstand ganz in der gleichen Weise,
wie desselben Verfassers vor zwei Jahren erschienenen
„Historischen Genrebilder vom Mittelmeere",
ja, steht mit der letztgenannten Publication im innersten

Zusammenhange. Beide sind Bruchstücke eines von langer
Hand vorbereiteten, weit angelegten, später aber in Erkenntnis
der fast unüberwindlichen Schwierigkeiten der Durchführung
zurückgelegten Planes; des Planes nämlich, eine zusammen-
hängende und ausführliche Geschichte des Seewesens der
österreichisch-ungarischen Monarchie zu versuchen. Im Vorworte zu den „Historischen Genrebildern" hat sich der Verfasser über die Entstehung dieses Planes, über die gemachten
Vorarbeiten zu dessen Durchführung, sowie über die Gründe
des endlichen Fallenlassens desselben, ausgelassen; dieses Vorwort könnte ohneweiters Wort für Wort und ohne der
geringsten Abänderung zu bedürfen, auch der vorliegenden
Studie vorangestellt werden; es gilt ebensowohl für die
letztere als für die ersteren, da beide Werkchen die von demselben Schutthaufen geholten Trümmer eines zu anderem
Zwecke aufgethürmten, aber schließlich zusammengebrochenen
Baumateriales blieben. Die Studie „Das Mittelmeer" war
ursprünglich bestimmt, der geplanten Geschichte des österr.-
ungar. Seewesens als Einleitung, gleichsam als erstes
Capitel zu dienen, in welchem die allgemeinen Gesichtspunkte,
die hohe Bedeutung des Seewesens an und für sich, dessen
inniger Zusammenhang mit der politischen und Culturgeschichte, und dessen maßgebender Einfluß auf die Gestaltung
auch der festländischen Verhältnisse entwickelt werden sollten.
Als der Verfasser später sein ursprüngliches Vorhaben aufgab und sich statt dessen entschloss, das bereits vielfach
angesammelte historische Material zu einzelnen kleinen, von-
einander unabhängigen Monographien aus dem Gebiete des

Seewesens zu verarbeiten und so wenigstens auf weitem
Umwege seinem ersten Ziele etwas näher zu kommen, wurde
auch die erwähnte „Einleitung" einer Umarbeitung unter-
zogen und, von ihren früheren Beziehungen als organischer
Bestandtheil eines größeren Ganzen losgelöst, als selbständiger Essay auf eigene Füße gestellt. Das Product der
genannten Umarbeitung, bei welcher selbstverständlich die
universalhistorischen Gesichtspunkte auf Kosten der heimischen
mehr in den Vordergrund rücken mußten, ist eben die Studie,
die hiemit vor die Öffentlichkeit tritt; ihre Entstehungsweise
erklärt und rechtfertigt auch ihre äußere Form, die, wie nicht
geleugnet werden soll, mit der üblichen Buchform infolge
Wegfalls einer jeden Gliederung, nämlich augenfälligen Eintheilung in Abschnitte, Hauptstücke, Capitel u. dgl. einigermaßen contrastiert; sie beschränkt sich nämlich auch der
äußeren Gestalt nach auf die einheitliche, ungegliederte
Essayform.

Außer der erwähnten Entstehungsursache waltete aber
auch noch ein anderer und zwingenderer Grund ob, die
genannte Form beizubehalten: es ist dies die durch das
ganze Werkchen hindurchlaufende innige Verschlingung zweier
an und für sich ganz verschiedener Elemente. Wie schon der
gewählte Titel andeutet, beleuchtet die Studie die eigenartige Stellung des Mittelmeeres von zwei Gesichtspunkten
aus, die scheinbar miteinander geringe Verwandtschaft haben,
nämlich einerseits vom geschichtsphilosophischen, andererseits
vom nautisch-technischen Standpunkte. Es ist der Versuch
gemacht worden, diese beiden so heterogenen Gesichtspunkte

nicht nur unter sich in Einklang zu bringen, sondern sogar
ihre gegenseitige Beeinflussung und Befruchtung, ihre leben-
dige Wechselwirkung, ihre innige Verschmelzung zu einer
Einheit höherer Ordnung zu demonstrieren; allerdings ein
kühner Versuch, an welchem auch eine klarere Auffassung, ein
gründlicheres Wissen und eine geübtere Feder, als dem Verfasser zur Verfügung stehen, leicht scheitern würden! Allein,
wenn dieser schon den Muth fand, den Versuch zu wagen,
— ein Muth, der lediglich in aufrichtiger Begeisterung für
das Seewesen und (leider nur platonischer) Liebe zu demselben seine Entschuldigung findet, — dann mußte er auch
die Consequenzen seiner Kühnheit ziehen; dann mußte er
auch seinen Gedanken eine einheitliche Gestalt geben, er
mußte ihnen einen freien unbehinderten Lauf gestatten und
sich davor hüten, sie in das Prokrustesbett einer äußerlichen,
schematischen Eintheilung zu zwängen. Das Doppelspiel der
beiden leitenden Ideen, die sich überall unlösbar ineinander verschmelzen, schließt eine mechanische Gliederung des
Textes aus, die entweder nach der einen oder der anderen
Richtung hin unzutreffend, und daher für das Ganze sinn-
störend werden müßte.

Daß infolge der gewählten Anordnung des Stoffes
das Werkchen selbst eine etwas schwerfällige, für das Auge
minder gefällige Form erhält, soll nicht in Abrede gestellt
werden. Jedenfalls wird die Übersichtlichkeit desselben beeinträchtigt und dem Leser zugemuthet, daß er — und das
ist viel verlangt! — sich wahllos der Führung des Autors
anvertraue und in dessen Intentionen liebevoll eingehe. Der

letztere hat es leider nicht verstanden, diese nicht ungefähr-
liche Klippe zu umschiffen. Um dem Mangel der Gliederung
und einer übersichtlichen Orientirung nach Möglichkeit zu
ersetzen, findet sich am Schlusse des Werkchens ein Inhalts-
verzeichnis, das in kurzen Schlagworten sowohl die Reihen-
folge der in demselben maßgebenden Ideen, als auch die
auf das Seewesen bezüglichen historischen Personennamen
und die marine-geschichtlichen Details unter Angabe der
Seitenzahl, auf welcher sie vorkommen, enthält.

Schließlich ist es wohl kaum nöthig zu versichern,
daß vorliegende Studie sich nicht den Charakter einer
wissenschaftlichen oder seemännisch-technischen Abhandlung
vindicirt. Sie bewegt sich durchaus auf einem Gebiete, das
einem jeden gebildeten Laien zugänglich und mehr minder
vertraut ist, und bezweckt nicht mehr und nicht weniger als
darzuthun, wie sich der Einfluß der See auf die Gestaltung
der Weltverhältnisse vor dem geistigen Auge eines solchen
spiegelt. Sollte es dem Verfasser gelingen, auch nur bei
einem einzigen Leser eine sympathisch mitklingende Saite
zum Schwingen zu bringen und hiedurch beizutragen, daß
der Cultus der schönen blauen See einen Adepten mehr
gewinne, so würde er sich reich belohnt finden.

Erbsfürth, im Mai 1895.

Der Verfasser.

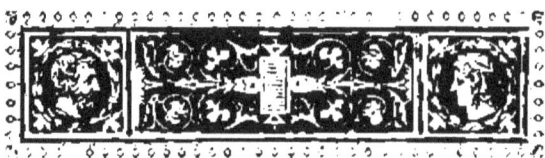

Betrachtet man einen Erdglobus, so wird man finden,
daß das Mittelländische Meer oder, kürzer ausgedrückt, das Mittelmeer, nur einen sehr kleinen
Bruchtheil der ungeheuren Wasserfläche ausmacht, die den
weitaus größeren Theil der Oberfläche unseres Planeten
bedeckt; ja daß es, bei der üblichen Eintheilung jener
Wasserfläche in fünf große Oceane, unter diesen nicht
einmal einen selbständigen Platz findet, sondern lediglich
als Annex, sozusagen als Anhängsel eines derselben gilt.
Die Erdbeschreibung weist demnach dem Mittelmeere, der
Ausdehnung nach, nur einen inferioren Platz und Rang
an. Ganz anders aber die Geschichte, und zwar sowohl die
Welt- als die Culturgeschichte; diese erkennt in dem Mittelmeere oder, richtiger gesagt, in dem Becken des Mittelmeeres, also in den dasselbe begrenzenden und einschließenden
Ländermassen, nicht weniger als geradezu den Mittelpunkt
des Weltinteresses, ein „Reich der Mitte", in höherem und
wahrerem Sinne, als dies das gelbe Drittel der Menschheit
für sich in Anspruch nimmt; sie erkennt in dem Küstengebiete

des Mittelmeeres wenn auch nicht eben die Wiege der
Menschheit streng genommen, so doch die Wiege der fruchtbaren und ausstrahlenden Menschheitsideen. Nicht, als ob
anderwärts der menschliche Geist nicht auch hohen Flug
genommen, nicht auch zu festen Formen der Erkenntnis, der
geselligen Gesittung und der moralischen Ordnung gedrängt
und geführt hätte; im Gegentheil, die ältesten Grundsteine
aller bekannten Cultur liegen ferne, abseits von den Küsten
des Mittelmeeres, und auf ihnen waren schon stolze Gebäude
errichtet, da hier noch die finsterste Nacht der Barbarei
herrschte. Die alten großen Völkermassen des asiatischen
Continents, die Indier, die Chinesen u. a., sie imponieren
durch das vorhistorische Alter ihrer hohen Cultur, durch die
erleuchtete Weisheit und Gedankentiefe ihrer Gesetzgeber,
Religionsstifter, Dichter und Denker; sie bilden schon in
grauester Vorzeit wohlgeordnete, festgegliederte, hochgesittete
Gemeinwesen, in welchen kein Gebiet der intellectuellen Thätigkeit unbebaut erscheint; und doch, wie geringen Einfluß
üben sie auf die intellectuelle, moralische, materielle und
politische Entwickelung der Menschheit im allgemeinen! Fest
in ihrem eigenen Boden wurzelnd, in sich selbst abgeschlossen,
nach Möglichkeit jeden Contact mit den Nachbarn meidend
und in nationaler Selbstüberhebung sich genügend, boten
und bieten diese Völker ein Bild unerschütterlicher Stabilität,
dessen gleichmäßige und stetige Lebenssphäre kein Wechsel
der Jahrtausende berührt; ihre Institutionen, ihre früh
gepflückten Culturfrüchte verknöchern in ihrer Unwandel-
barkeit zu starren beengenden Formen, aus denen im Laufe

der Zeiten das warme befruchtende Leben entfloh, und somit gehen auch die Früchte ihrer intellectuellen und moralischen Arbeit für die Allgemeinheit verloren. Es wäre wirklich zum Verwundern, daß so hochbegabte und dabei nach vielen Millionen zählende Völker, wie eben die Indier und Chinesen, in so geringem Grade in die allgemeine Entwickelung und Geschichte der Menschheit eingegriffen haben, als es bisher der Fall war, wenn nicht diese Erscheinung in dem Mangel an Fähigkeit für dasjenige, was wir Fortschritt nennen, ihre Erklärung und Begründung fände.

Der Fortschritt aber, dieser geheimnisvolle Entwickelungskeim, dessen Wesen im Expandieren, Ausstrahlen und Aufgenommenwerden der Idee liegt, er findet seit historischen Zeiten seine Heimstätte im Becken des Mittelmeeres, und daher nenne ich es kühn die Wiege der Menschheitsideen, oder jener Auffassungsweise, die das gesammte genus humanum für ein Ganzes hält; oder, wenn man lieber will, die Wiege der Humanität im weitesten Sinne. Zu dieser Stellung ist es von Natur aus prädestiniert, insofern es klimatisch und geographisch auf das glücklichste situiert ist. Es ist eine schon öfter erkannte und hervorgehobene Thatsache, daß das Klima von großem Einflusse auf die Culturentwickelung, und daß das gemäßigte Klima für die letztere das am meisten begünstigende ist. In den kalten Zonen, den Polarregionen, ist der Mensch zu vorwiegend durch den unaufhörlichen Kampf um die materiellen Bedingungen des Lebens, in den heißen Zonen, den Äquatorialregionen, zu vorwiegend durch die körper- und geisterschlaffenden Wirkungen

der Temperatur beeinflußt, um den ethischen Bedürfnissen
seines Wesens sich voll hingeben zu können; zu letzterem
findet er in den seiner physischen Veranlagung am besten
entsprechenden sog. gemäßigten Zonen, innerhalb der Polar-
und Wendekreise, die nöthige Muße und die erforderliche
Spannkraft des Geistes. Das Mittelmeerbecken fällt nun
durchaus in die gemäßigte Zone der nördlichen Erdhälfte,
und bietet hiedurch den Bewohnern seiner Küsten eine
günstige klimatische Basis der Culturentwickelung. Allerdings
theilt es diese Gunst auch mit anderen Erdstrichen; worin
es aber alle übrigen Partien der Erdoberfläche überragt und
eine einzig bevorzugte Stellung einnimmt, ist der Umstand,
daß alle drei großen Continente der östlichen Halbkugel
vereint und innig aneinanderrückend das Becken bilden; daß
die typischen Verschiedenheiten dreier Welttheile und ihrer
gründlich abweichenden Menschenracen auf engem Raume
einen Kreis schließen, der durch so mannigfaltigen und innigen
Contact heterogener Elemente zum Tummelplatz des inten-
sivsten Völkerlebens wird; daß endlich eine fast beispiellos
reiche Küstenentwickelung, große Fruchtbarkeit und hohe land-
schaftliche Schönheit seiner abgrenzenden Ländermassen das
Leben hier leichter, angenehmer und freundlicher gestaltet,
als irgendwo auf der übrigen Erdoberfläche. Daher das
Drängen und Hasten der Völker aller drei alter Continente
nach dem Mittelmeere; sein Becken bildet seit grauester
Vorzeit, seit den vorhistorischen Wanderungen der Pelasger
bis spät in das Mittelalter christlicher Zeitrechnung, das
Endziel und den Wogenbrecher für jede Völkerwanderung.

und wird schließlich zum Ausgangspunkte der Erschließung neuer Welten. Daher das kaleidoskopisch-bunte Durcheinander-quirlen der Völker am Mittelmeere; Nationen und Staats-formen erscheinen, blühen, welfen und schwinden hier in einer Mannigfaltigkeit und in einer Raschheit der Aufeinander-folge, für welche kein anderer Theil des Erdballes auch nur ein annäherndes Beispiel bietet. Der ununterbrochene, theils friedliche, theils feindliche Contact, in welchem hier seit dem Beginne historischer Zeiten verschiedene Menschenracen und mannigfaltige Volksstämme zueinander stehen, die fort-während Verdrängung, Verschmelzung und Aufsaugung der-selben untereinander, und das unaufhörliche Zuströmen neuer fremder Elemente mußte nothwendigerweise das Leben des Individuums sowohl als das des Stammes und der Gattung zu einem intensiveren machen als dort, wo große Massen unter gleichbleibenden, local begrenzten Verhältnissen und, fest an der Scholle haftend, homogene Sonderexistenzen führen, wie die alten Culturvölker des östlichen Asiens. Es mußte nothwendigerweise bei jenen eine besondere geistige Regsamkeit, eine durch den Kampf ums Dasein gesteigerte Entwickelung des Intellectes entstehen, welche die noch vor kurzem Namen-losen in rascher Zeit auf eine höhere Culturstufe erhob, als die war, die bereits vor ihnen von den in starrer Abge-schlossenheit Verbleibenden erreicht wurde, und dann durch Jahrtausende constant blieb. Und in der That sehen wir bei den Völkern und den meist verhältnismäßig kurzlebigen Staaten des Mittelmeerbeckens eine Art der Bethätigung des Intellectes, die weder vorher, noch anderswo je in die

Erscheinung getreten war: nämlich die ausstrahlende, impulsive, erobernde, propagierende Verbreitung der Idee als
solcher, die aus localen, nationalen und ethnologischen Banden
sich zu befreien beginnt; wir sehen einen, weder vorher noch
anderswo je bemerkten kosmopolitischen Zug, in welchem die
erste Erkenntnis der Gemeinsamkeit der höheren Lebens-
interessen der Menschheit erst unbewußt aufdämmert, dann
aber immer klarer und entschiedener auftritt; wir sehen das
wachsende Bestreben, die Völker einander näher zu bringen,
Naturproducte und Erzeugnisse des Gewerbefleißes unter
ihnen gleichmäßiger zu vertheilen; ja noch weiter, wir sehen
das immer bewußter und energischer werdende Bestreben,
auch die geistigen Unterschiede der Völker möglichst zu nivel-
lieren, die gesellschaftliche und staatliche Ordnung derselben
auf gleichartige Basis zu stellen, verwandte Gruppen zu
staatlichen Gebilden zu vereinigen, und fremde Elemente
diesen zu unterwerfen; wir sehen mit einem Worte alle jene
zielbewußten Äußerungen des socialen Lebens in die Erscheinung treten, die das Wesen des Fortschrittes bilden. In
diesem Sinne ist das Mittelmeerbecken wenn auch nicht die
Wiege, so doch die beste und fruchtbarste Pflanzstätte der
Civilisation, und die Localität, von welcher ausgehend letztere
den ganzen Erdball übersponnen hat.

Wenige flüchtige Andeutungen genügen, obige Auffassung zu rechtfertigen. Man erinnere sich der kühnen
Handelsfahrten und Seeunternehmungen, sowie der Colonie-
gründungen der alten Phönizier, die gleichsam das erste
friedliche Band versöhnend um rohe Völker schlangen; der

festgefügten staatlichen Ordnung, der ungeheuren Bauthätigkeit,
der Naturkunde und der blühenden Wirtschaft der alten
Ägypter, die aus dürrer Wüste ein wunderbar reiches,
hochcultiviertes Land schufen; der geisterhebenden und -ver-
feinernden Wirksamkeit der Griechen, deren glückliche
Begabung, heitere und dabei ideale Weltanschauung, deren
ästhetische Bildung und Gedankenschärfe noch heute, nach
Jahrtausenden, eine unerschöpfliche Quelle der Erleuchtung
bildet; man erinnere sich des blühenden Industrie- und
Handelsstaates der Karthager; der kurzen, aber für die
Entwicklung der Wissenschaften so ungemein förderlichen
Weltherrschaft der Macedonier; und der, den Höhepunkt
antiker Cultur repräsentierenden Diadochenstaaten;
man erinnere sich namentlich der langen, zuerst auf physische,
dann auf moralische Macht gegründeten Herrschaft Roms
über die gesammte civilisierte Welt. Der Gedanke an die
Herrschaft über den ganzen Erdkreis, wie er in Alexander,
in Hannibal, in Cäsar entstand, und wie er sich später in
den römischen Kaisern und, wenn auch in anderer Form,
in den Päpsten festsetzte, er konnte nur am Mittelmeere
gefaßt werden, von wo der Blick des Ehrgeizes und der
Herrschsucht Europa, Asien und Afrika sozusagen gleichzeitig
umfaßt. — Man beachte ferner, um das geistige Übergewicht der Mittelmeerregion über die anderen Theile der
Erde zu erkennen, Folgendes: Die Barbaren, die zur Zeit
der Völkerwanderung aus Nord und Ost, aus den uner-
schöpflichen Völker-Reservoiren der riesigen Continental-
masse der Alten Welt gegen das Mittelmeer anstürmten, sie

verlieren entweder, hier angelangt, binnen kürzester Zeit
Charakter, Wesen und Nationalität, und gehen in den
Unterjochten auf, wie die Gothen, Longobarden, Vandalen u. a.;
oder aber sehen sich, trotz unüberwindlichen Siegeslaufes,
zu baldigstem Rückzuge bewogen, wie die Hunnen, Avaren
und später die Tataren. Die Türken, das einzige fremde
Element, das sich der affimilierenden Gewalt des Mittelmeeres gegenüber widerstandskräftig erwies, und das seine
Eigenart auch hier festhalten wollte, werden langsam, aber
stetig aus dessen Gebiete herausgedrängt. — Man beachte
namentlich den charakteristischen und hochbedeutsamen Umstand, dass sämmtliche monotheistischen Weltreligionen hier ihren Ursprung nehmen. Am Berge
Sinai verkündet Moses sein Gesetz; von den Küsten Syriens
verbreitet sich die welterlösende Christuslehre; selbst der
Islam, obwohl nicht unmittelbar an den Küsten des Mittelmeeres entstanden, nimmt seinen erobernden Lauf großentheils
denselben entlang. Und wie die Religionen, so breiten sich
auch die andern großen und weltbewegenden Ideen vom
Mittelmeere aus; die höchsten Errungenschaften des menschlichen Geistes, Wissenschaft, Philosophie, Kunst, Humanität,
bei den asiatischen Culturvölkern das strenggehütete Eigen-
thum einer engbegrenzten Kaste, werden erst bei den Völkern
des Mittelmeerbeckens zum Gemeingute. Die Ideen eines
Plato, Pythagoras, Aristoteles, eines Cicero, Plinius, Marc
Aurel, eines Paulus und Augustinus klingen bis in die
weitesten Fernen aus und überspinnen die Erde, während
diejenigen eines Śakjâ-Muni, Zoroaster oder Confucius

nicht über die Grenzen ihres eigenen, allerdings ungeheuren, Volkes bringen. Desgleichen entwickeln sich die politischen Gedanken und Institutionen, die Staatsformen in ihrer Mannigfaltigkeit gegenüber dem continentalen starren Despotismus, das freiere Verhältnis der Gesellschaftsclassen gegenüber dem Kastenwesen, die friedliche und kriegerische Concurrenz der Völker gegenüber dem stumpfen Fatalismus, erst am Mittelmeere. Ein frischer, reger, schneidiger Geist bemächtigt sich aller Völker, sobald sie am Mittelmeere heimisch werden, und ihr Blick an diesem blauen länder-verbindenden Wasserspiegel an Weite, Tiefe und Schärfe gewinnt.

Mit der Intensität des Völkerlebens am Mittelmeere verschärft sich auch der Kampf um's Dasein, und manifestirt sich weit entschiedener als anderwärts; in ihm reibt sich die Lebenskraft der Völker rasch auf, und diese werden kurzlebig. Während der große asiatische Continent, und nicht minder das innere Afrika, noch immer dieselben Volks-Individuali-täten in typischer Eigenart zeigt wie vor Jahrtausenden, und der Perser, der Indier, der Chinese, der Nubier, der Neger im großen und ganzen das geblieben ist, was er seit den ältesten uns bekannten Zeiten war, vollzieht sich am Mittel-meere ein ewiger Wechsel. Stets brandet, staut und bricht sich der Strom der wandernden Völker an seinen Gestaden; hier kommt der geheimnisvolle elementare Drang, der seit Alters einen großen Theil der Menschheit von Ost nach West treibt, gleichsam dem enteilenden Tagesgestirn nach, zu zeitweiligem Stillstande. Eine Nation nach der anderen

kommt hier zu Macht und Blüte, um nach verhältnismäßig
kurzer Zeit entweder zu vergehen, oder so tiefgreifende Wandlungen zu bestehen, daß sie wieder als neues Element in
das rastlose Getriebe der Weltgeschichte eintritt. So sind die
Pelasger, die Kelten, die Phönizier, die Karthager, die Vandalen, die Normannen ganz vom Schauplatze abgetreten;
Griechen und Römer, Ägypter und Macedonier, Gallier
und Gothen, Illyrier und Dacier, und noch manche andere
Völker, haben ihre ursprüngliche Nationalität eingebüßt und
neue frische Volksstämme gebildet, deren politische Existenz
sich grundverschieden von der früheren entwickelte; und das
in seiner Eigenart zäheste und widerstandsfähigste aller Mittel-
meervölker, die Juden, wurde in Atome zersplittert, zerstreut
und solchergestalt seiner nationalen Existenz beraubt.

Die impulsive Intensität des Völkerlebens, und die
hohe Summe von intellectuellen Kräften jeder Art, die hiedurch erzeugt und verbraucht wird, weist dem Mittelmeerbecken eine ganz besondere, und zwar entschieden führende
Rolle in der gesellschaftlichen Entwicklung des Menschen-
geschlechtes, demnach in der Weltgeschichte an; eine Führerrolle, die zwar der Gegenwart seit der Entdeckung der
Neuen Welt und der Besiedelung ihrer Continente durch die
weiße Menschenrace, sowie seit der Verschiebung der europäischen Machtverhältnisse zu Gunsten des Nordens etwas
abgeschwächt erscheint, aber nichtsdestoweniger in vieler Hinsicht noch immer ihre Geltung hat und behalten wird. Eine
uralte, erbgesessene, in natürlichen Ursachen begründete Herrschaft läßt sich nicht so leicht brechen; mit tausend und

abertausend unsichtbaren und unzerstörbaren Wurzeln haftet
sie im Boden, und saugt aus diesem die Lebenskraft auch
für die entferntesten Zweige; und diese Lebenskraft ist, wie
bereits wiederholt hervorgehoben, nicht so sehr politischer
als vielmehr intellectueller, cultureller Natur. Lassen wir
vorderhand die politischen Veränderungen auf der Erdoberfläche seit der Entdeckung Amerikas und des Seeweges nach
Indien außer Betracht, so werden wir finden, daß sich die
Hauptmomente der Weltgeschichte am Mittelmeere abspielen.
Hier legen die halbmythischen Wanderungen der Pelasger,
der Jonier und Dorier den ersten Grund der europäischen
Cultur, die sich der älteren asiatischen so überlegen erweisen
sollte; hier spannen Ägypter, Phönizier und Karthager das
völkerumschlingende Netz des Handels aus; hier entfaltet
sich das reiche Geistesleben des Hellenenthums, treibt in
Sitte und froher Genußfähigkeit, in Wissenschaft und Kunst,
in Staats- und Einzelleben die herrlichsten Blüten und strahlt
seinen veredelnden Einfluß weit über die Grenzen der Nationalität hinaus. Hier entspringt zuerst der Gedanke an
Weltherrschaft; und wenn auch der erste, großartig und
stürmisch unternommene Anlauf zur Verwirklichung nicht
gelingt, sondern Alexanders Weltmonarchie mit ihm ins
Grab sinkt, so wird der Gedanke von einem anderen Volke
aufgegriffen, und in langem, energischem und zielbewußtem
Streben verwirklicht. Im Mittelpunkte des Beckens, auf
der appeninischen Halbinsel, deren in jeder Hinsicht glückliche Lage und Beschaffenheit ihr recht eigentlich den hervorragendsten Platz anweist, entsteht aus kleinen Anfängen,

aus der Vermischung latinischer, sabinischer, etruskischer und
hellenischer Volkselemente, ein neues Volk, das rasch und
mächtig anwächst, und eine bisher beispiellose Expansions-
und Assimilierungskraft entwickelt: die Römer. Mit bedeu-
tendem Selbstgefühl, hoher kriegerischer Tüchtigkeit und
wunderbarem Organisationstalent ausgerüstet, verstehen die
Römer nicht nur, die ganze Halbinsel zu einem compacten
mächtigen Staate zu machen — ein Streben, das den geistig
höher stehenden Hellenen mit der ihrigen nie gelang —,
sondern allmählig die gesammten Küstenländer des Mittelmeeres sich zu unterwerfen. Die Karthager, den Römern
an Reichthum, an Bundesgenossen und Kampfmitteln überlegen, werden in gigantischem, über hundertjährigem Ringen
überwunden und gänzlich vernichtet; die Griechen, trotz ihrer
höheren Culturstufe und intellectuellen Überlegenheit, werden
mit leichter Mühe unterworfen, und gefallen sich schließlich
darin, die eigene Nationalität zu verleugnen und sich mit
Stolz Römer zu nennen; die durch Luxus und Wohlleben
verweichlichten und seit je an Despotie gewohnten Asiaten
beugen sich willig unter die römische Herrschaft, mit Ausnahme der fanatischen Israeliten, die zerschmettert werden
müssen; die Ägypter und stumpfen Afrikaner leisten desgleichen keinen Widerstand. Selbst die gesunden und kräftigen, zum Theil noch halbbarbarischen Nationen des westlichen und nördlichen Europa, Keltiberier, Gallier, Britan-
nier, Germanen, Sarmaten, Dacier, müssen sich widerstrebend
zwar, aber doch, theils in das große Reich ein-
fügen, theils dessen Suprematie ertragen; und es kommt

eine Zeit, wo die ganze damals bekannte Welt (mit Ausnahme der ostasiatischen Staaten) den Römern unterthan
ist. Das römische Weltreich bildet recht eigentlich ein
Mittelmeer-Reich, denn nur die Küsten des mare medi-
terraneum, diese aber in ihrer vollen Totalität, ziehen dessen
Grenzen gewissermaßen nach innen; nach Norden, Osten
und Süden erstreckt es sich in ungemessenen Fernen, während
gegen Westen der Ocean dessen natürlichen Abschluß bildet.
Es ist wahrhaft staunenerregend, zu betrachten, wie durch
Jahrhunderte die zahllosen und so grundverschiedenen Nationen, die dieses ungeheure Reich bilden, einzig und allein
durch die aus dem Mittelpunkte Rom ausstrahlende Intelligenz, durch dessen politisch-administrative, legislatorische
und militärische Potenz nicht nur fest zusammengehalten
werden, sondern sogar das Gefühl und Bewußtsein der
Zusammengehörigkeit erwerben; einer Zusammengehörigkeit,
die durch die den mittelländischen Küsten entlang laufende
Verbreitung eines neuen ethisch-moralischen Elementes, der
Lehre Jesu Christi, frischen Kitt erhält. Und als endlich
die ungeheure Masse unter dem Drucke des eigenen Gewichtes
in zwei Theile bricht, da erhält die gesittete Welt, gleichsam
aus dem Kreise in die Ellipse übergehend, statt eines
Mittelpunktes zwei Brennpunkte am Mittelmeere, Rom
und Byzanz. Im ersteren Brennpunkte bleibt der specifisch-
römische Geist vorherrschend, während im letzteren wieder
der Hellenismus, allerdings in sehr unvortheilhaft modifi-
cirter Gestalt, als Byzantinismus, zur Geltung gelangt.

Immer stürmischer schlagen indes die Wogen der

Völkerwanderung an die Küsten des Mittelmeeres, unter
deren unwiderstehlich wachsendem Schwalle die Westhälfte
des Römerreiches zusammenbricht; sie wird von zahllosen
Scharen germanischer Volksstämme überflutet, die sich hier
niederlassen und als Herren geberden. Doch so groß ist noch
immer die innere, aus höherer Gesittung und Intelligenz
resultierende Lebenskraft des Römerthums, daß es, obwohl
militärisch und politisch überwunden, doch die Sieger binnen
kurzem national absorbiert, oder doch durch innige Vermischung auf das gründlichste im romanischen Sinne umge-
staltet. Das kräftige römische Ferment in der Blutmischung
macht, im Verein mit den neuerdings auflebenden autochthonen Elementen (den Lusitaniern, Iberiern, Galliern &c.),
die eingedrungenen Sueven, Alanen, West- und Ostgothen,
Franken, Longobarden &c., zu Portugiesen, Spaniern,
Franzosen und Italienern, mithin zu neuen Nationen, die mit großer Raschheit entstehen, und in welchen das
romanische Element nicht nur physiologisch, sondern auch
nach Charakter und Intellect weitaus überwiegt; daher
bilden auch ihre Sprachen unter sich innigst verwandte
Tochtersprachen der römischen oder lateinischen, und sind
aus denselben nicht nur die germanischen, sondern auch die
autochthonen Bestandtheile fast völlig verschwunden. Am
raschesten gibt gerade das zahlreichste der eingewanderten
Völker, das gothische, seine Nationalität auf, am zähesten
wahrt sie das fränkische, das mehrerer Jahrhunderte bedurfte,
bis sich seine endgiltige Scheidung in Franzosen und in
Deutschgebliebene vollzog.

Eben diese Franken fühlten sich berufen, das Erbe der einstigen römischen Weltherrschaft anzutreten und die letztere mit dem Mittelpunkte Rom wiederherzustellen. Die gewaltige Monarchie der Karolinger schien nahe daran, dies Ziel zu erreichen, indem sie ganz Frankreich, einen Theil der iberischen Halbinsel, Ober- und Mittelitalien, den größten Theil von Deutschland (inclusive der Niederlande, Belgiens und der Schweiz), die österreichischen Alpenländer und einen Theil Ungarns umfaßte; und indem Karl der Große sich in Rom zum Kaiser krönen ließ, machte er die zeitweilig depossedirte Stadt wieder zur Hauptstadt der Welt und verlegte das Schwergewicht seiner Bestrebungen an das Mittelmeer zurück. Gleichzeitig aber entstand von Osten her eine neue Bewegung, welche, von grundverschiedenen Prämissen ausgehend, gleichwohl ähnliche Ziele verfolgte; der Gedanke an Weltherrschaft hatte auch im Orient Wurzel gefaßt und trieb von dort seine Strahlen gegen Westen. Von Arabien aus hatte sich rasch die Lehre Mohammeds verbreitet, und der fanatische Eifer ihrer Anhänger steckte sich kein geringeres Ziel, als sie dem gesammten Erdkreise mit dem Schwerte aufzuzwingen. Die asiatischen und afrikanischen Küsten des Mittelmeeres waren der neuen Lehre bald gewonnen; den letzteren entlang ziehend, griff sie bei den Säulen des Herkules nach Europa herüber, und setzte sich auch hier, auf der iberischen Halbinsel, ja selbst in Süditalien, (Sicilien und Neapel) fest. Das schwache oströmische (byzantinische) Kaiserreich vermochte dem gewaltigen Vordringen des Islam nur schwachen Widerstand ent-

gegenzuſetzen, und dies umſoweniger, als es mit dem übrigen
chriſtlichen Europa in tiefgreifenden Glaubenszwieſpalt
gekommen war, daher von dieſem nicht unterſtützt wurde.
Die Aufgabe, die Lehre Chriſti und die europäiſche Cultur,
wie ſie aus der Verſchmelzung helleniſch-römiſch-germaniſcher
Entwicklung hervorgegangen war, gegen die Lehre Mohammeds und die Weltanſchauung der Aſiaten zu vertheidigen,
fiel demnach dem neuhergeſtellten fränkiſch- (ſpäter germa-
niſch-) römiſchen Kaiſerthume zu; und indem die nördlichen
Küſten des Mittelmeeres dieſem, die öſtlichen und ſüdlichen
aber der Araberherrſchaft unterthan waren, mußte ſich
nothwendigerweiſe das gewaltige Ringen der beiden großen
Principien, die den Occident und Orient bewegten, wieder
auf und am Mittelmeere abſpielen, mithin dieſes der Mittelpunkt des Weltintereſſes und der vornehmſte Schauplatz
der Weltgeſchichte bleiben. (Dies findet, mögen auch die
leitenden Motive gar weſentliche Wandlungen durchgemacht
haben, in gewiſſem Sinne ſeine Geltung bis auf den heutigen Tag; beſtimmt nicht z. B. die ſogenannte „Orienta-
liſche Frage", d. h. der Beſitz der Balkanhalbinſel und
der Meerengen zwiſchen Europa und Aſien, die Stellung
und Haltung ſämmtlicher großer Mächte der Welt?)

Der bereits hervorgehobene Umſtand, daß die drei
großen monotheiſtiſchen Weltreligionen hier ihren Urſprung
genommen haben, iſt hiebei von eminenter Bedeutung;
denn nur der Glaube an Einen Gott fühlt das unwider-
ſtehliche Bedürfnis nach Propagation und nach gewaltſamer
Unterbrückung der Vielgötterei. Dem Polytheismus, den

auf philosophischer Grundlage beruhenden Religionen (wie
dem Brahmanismus und Buddhismus), den Naturculten und
dem Schamanenthum steht jeder Gedanke an Proselyten-
macherei von Haus aus ferne, während dem Monotheismus
in seinen drei Grundformen, dem Judenthum, dem Christenthum und dem Islam, ein eminent aggressiver Geist inne-
wohnt. Daher konnten nur diese drei Religionen sich über
die ganze Erde verbreiten, während alle übrigen, und wenn
sie noch so viel Anhänger zählen, doch stets nur von localer
Bedeutung bleiben, und nie als bewegendes Moment in die
Weltgestaltung eingreifen. Letzterer These widerspricht der
von der römischen Staatsreligion gegen die Ausbreitung
des Christenthums geführte erbitterte Kampf keineswegs,
denn dieser beruhte lediglich auf politischen und socialen
Motiven, und glich in seinem Wesen demjenigen, den die
heutige Staats- und Gesellschaftsordnung gegen den inter-
nationalen Socialismus der modernen Weltverbesserer führt.
Wirklich religiöse Kämpfe, aus dogmatischen oder ethischen
Motiven, waren und sind eine ausschließliche Specialität
der Juden, Christen und Mohammedaner, und der innerhalb
dieser großen Gruppen entstehenden Spaltungen. Die ersteren, nämlich die Juden, traten als national-staatliches Element früher vom Schauplatze ab, es blieben somit die
beiden letzteren, sich miteinander zu messen. Das feindliche
Aufeinandertreffen der beiderseitigen Expansionen von Christenthum und Mohammedanismus rings um das Mittelmeer
mußte nothwendig hiezuführen, und fand in der Folge in
dem heißen Kampfe um das Land, das den Christen als

Geburts- und Grabstätte ihres Religionsstifters heilig war,
seinen symbolischen Ausdruck. Daß in diesem Kampf, der
sich als eine Episode rückläufiger Völkerwanderung darstellt,
alsbald nationale und politische Motive eintreten, und zwar
in solcher Fülle, daß das ursprünglich religiös-ethische
Element ganz in den Hintergrund gedrängt wird, bedarf
kaum ausdrücklicher Erwähnung; desto bunter und mannig-
faltiger gestalten sich nur seine Wirkungen auf die Völker-
geschicke.

Ein anderer, für das Mittelmeerbecken höchst bedeut-
samer Umstand liegt darin, daß gleichzeitig mit dem Wiederaufleben der politischen Weltherrschaftsidee des Kaiserthums
in Rom eine neue welthistorische Potenz, die Kirche, in
die Erscheinung tritt. Hier, in Rom, hatte das Christenthum
von Anfang an die festesten und lebensfähigsten Wurzeln
geschlagen; hier hatte es sich mit der großartigen praktischen
Organisationstüchtigkeit des Römerthums innig durchtränkt,
während es in Byzanz, entsprechend der philosophierenden
und individualisierenden hellenischen Geistesrichtung, an
dogmatischen Spitzfindigkeiten und metaphysischen Subtilitäten
haften geblieben war. So bildete sich, nachdem sich das
Christenthum zur staatlichen Anerkennung durchgerungen hatte,
alsbald zwischen Rom und Byzanz ein scharfer Gegensatz
heraus, der in der Folge zu dauernder Trennung wurde; die
Christenheit spaltete sich in eine occidentale und eine orientalische Gruppe. Und während die letztere infolge innerer
Spaltungen und der theologischen Richtung des byzantinischen
Hofes mehr und mehr in die Abhängigkeit vom Staate

gerieth und einen national-griechischen Charakter annahm, emancipierte sich die erstere durchaus von der häufig wechselnden Staatsgewalt, und vertrat, ganz im Geiste römischen Wesens, eine allgemeine internationale Richtung unter der Führung Roms, den Katholicismus. Die Priesterschaft der abendländischen Christenheit hielt, im Gegensatz zum Mönchs-, Asketen- und Grüblerwesen der orientalischen Christen, in strammer Organisation fest zusammen, von welcher das Arianerthum der Germanen bald absorbiert wurde; sie erkannte den in Rom residierenden Bischof als den Nachfolger Petri, als ihr gemeinsames Oberhaupt an, und fasste die Gemeinschaft des Oberhirten mit der gesammten ihm folgenden Herde, ohne nationalen Unterschiede, in ein engverbindendes geistiges Band zusammen: Die Kirche. Die fränkische Monarchie lieh diesem einigenden Streben ihre mächtige materielle Unterstützung und wirkte hiedurch wesentlich mit zur Schaffung eines ganz neuen welthistorischen Factors von höchster Bedeutung, der nunmehr als „geistliche Gewalt“ ins Leben tritt. Die geistliche Gewalt, ausgeübt durch den Bischof von Rom als Haupt der Christenheit, und durch seine Stellvertreter, die Priester, wird aber zu einer geistigen Gewalt von ungeheuerer Intensität, indem sie thatsächlich die Herrschaft über die Geister, die Seelen, die Gewissen ausübt, eine Erscheinung, die der antiken Welt ganz fremd ist; auch das alte Judenthum bietet hiefür keine Analogie, da bei diesem die Begriffe Religion, Nation und Staat sich deckten. Sie findet aber ihre natürliche Erklärung darin, dass in einer

Zeit des wildesten Sturmes und Dranges, der fortwähreuden
Zerstörung von Bestehendem und gewaltsamen Aufstrebens
und Ringens brutaler Kräfte, wie sie die Völkerwanderung
und der Anfang des Mittelalters charakterisieren, die Pflege
geistiger Interessen lediglich in die Hände der Priesterschaft
gelegt war. Die Könige, die Großen, die Masse des Volkes,
sie waren alle vollauf vom Waffenhandwerk in Anspruch
genommen; „denn leben hieß sich wehren!" Für die Bedürfnisse des Geistes blieb weder Zeit noch Lust, und doch
kann ihrer der Mensch für die Dauer nicht entbehren; nur
der friedfertige Priester konnte und durfte ihnen obliegen,
und so wurde er in jener Zeit zum fast alleinigen Träger
der Cultur. Dies gab ihm dafür aber auch ein gewaltiges
intellectuelles Übergewicht über seine ungebildeten Mitbürger;
und als bei der Wiederherstellung des römischen Kaiserthums
die Welt zu stabileren und geordneteren Verhältnissen zurück-
kehrte, da hatte der Priester bereits eine unerschütterliche
sociale Position erreicht, die zu behaupten er sich angelegen
sein ließ. Und so erwuchs dem Kaiser in dem Oberpriester,
dem Bischof von Rom, eine ebenbürtige Macht, die sich, in
Stellvertretung Gottes auf Erden, selbst über ihn zu erheben strebte.

Die auf das Schwert und das codificierte menschliche
Recht gestützte Macht des Kaisers, und die von göttlicher
Anordnung hergeleitete und in der Herrschaft über die Geister
festbegründete Macht der im Bischofe von Rom oder dem
Papste personificierten Kirche, beide auf demselben Gebiete
ausgeübt, konnten nicht verfehlen, sich gegenseitig etwas

unbequem zu werden, namentlich seitdem die Kaiserkrone auf national-deutsche Fürsten aus sächsischem und schwäbischem Stamme übergegangen war. Die „weltliche" und die „geistliche" Gewalt, welch letztere immer ausgiebiger auch in weltliche Angelegenheiten einzugreifen begann, traten allmählig in einen Gegensatz, der sich zu einem Rangstreite, und nicht selten zu einem offenen Kampfe um die Oberherrschaft zuspitzte. Mehr oder weniger traten fast sämmtliche christliche Staaten Europas in diesen Kampf ein, bald für den Kaiser, bald für den Papst Partei nehmend; und die Frage, inwieweit der letztere befugt sei, in die innere Gestaltung der Staaten, in deren Verfassung, Gesetzgebung und Verwaltung Einfluß zu nehmen, wurde zur brennendsten und maßgebendsten für die gesammte Politik. Indem nun Rom der Sitz der geistlichen Gewalt blieb, wurde Italien zum Mittelpunkte und zum Tummelplatze des europäischen Völkerlebens; man sehe nur beispielsweise, wie sehr die großen deutschen Kaiser, die Ottonen, die Hohenstauffen, das Schwergewicht ihrer Regierungsthätigkeit zum Schaden ihrer deutschen Heimat nach Italien verlegen, ja meistentheils dort residieren. Und indem weiter Italien den Mittelpunkt des Mittelmeerbeckens bildet, so mußte die daselbst intensiv concentrierte geistige und politische Thätigkeit radial ausstrahlen, und zur Folge haben, daß auch des letzteren Peripherie sich mit den gleichen Elementen sättigte; in der That gruppiert sich das welthistorische, die Gestaltung und Entwicklung der Menschheit beeinflussende Moment jener Zeit fast ausschließlich um das Mittelmeer.

Vier Orte sind es, die das ganze Mittelalter hindurch das hauptsächliche Interesse der Menschheit wesentlich in Anspruch nehmen, beinahe absorbieren, und somit bestimmend auf die materielle, geistige und politische Gestaltung der Welt wirken, soweit diese nämlich überhaupt fortschritts-fähig ist; drei dieser Orte gehören dem Mittelmeerbecken unmittelbar an, der vierte gravitiert dahin: Rom, Byzanz, Jerusalem, Mekka. Welch unerschöpfliche Fülle der bedeu-tungsvollsten Ereignisse knüpft sich an diese Orte! Wie verschwinden dagegen die Millionenstädte des fernen Ostens, die nie aus dem beschränkten Kreise des Selbstgenügens herausgetreten, oder die Völker-Reservoirs Central-Asiens, die wohl ab und zu einen verheerenden Gewittersturm über die Welt zu senden, nicht aber dauernde Gebilde zu gründen, noch weniger belebende Ideen zu verbreiten vermocht!

Rom, Byzanz, Jerusalem, Mekka: das sind die vier geistigen Pfeiler, die das Mittelalter tragen. Und örtlich aufgefaßt, flutet zwischen diesen Pfeilern das Mittelländische Meer; an und auf diesem mithin spielt sich jener Theil der Geschichte ab, der für die Entwicklung der Menschheit, und für die politische Gestaltung der Erdoberfläche vorzugs-weise, wenn nicht ausschließlich, maßgebend ist. Der histo-rische Begriff des Mittelalters kann ja überhaupt nur für hier Geltung haben; weder auf Ost-Asien mit seiner ver-knöcherten unbeweglichen Cultur, noch auf Central-Asien oder Inner-Afrika mit seiner gleichbleibenden Un-Cultur kann er Anwendung finden, denn bei diesen fließt das graueste Alterthum namentlich mit der Gegenwart zu einer unter-

schieblosen Epoche zusammen (abgesehen selbstverständlich von
den äußeren Einflüssen, die das Übergewicht der weißen
Race daselbst politisch und commerciell ausübt).

Ein hervorstechender allgemeiner Charakterzug des
Mittelalters, das sich sonst wenig um geistige Interessen
kümmerte, ist das entschiedene Überwiegen einer ethisch-reli-
giösen Sinnesrichtung, nämlich das große Gewicht, das auf
das Glaubensbekenntnis gelegt, und der Eifer, mit dem
dasselbe verfochten wurde. Es hängt dies mit dem bereits
hervorgehobenem aggressiven Charakter des Monotheismus
zusammen, welcher erst mit dem staatlichen Siege des Christenthums und mit dem Entstehen des Islam zu allgemeiner
Verbreitung gelangte; denn der, natürlich viel ältere Monotheismus der mosaischen Lehre war infolge der exclusiven
Abgeschlossenheit des Judenvolkes stets in nationaler
Begrenzung verblieben, und hatte überdies durch die Zer-
trümmerung und Zerstreuung des letzteren seine Expansions-
fähigkeit verloren. Christenthum und Islam hingegen, die
im Gegensatz zum Judenthum den wahren Glauben nicht
zum Prärogativ eines auserwählten Volkes machen wollten,
sondern ihn für die gesammte Menschheit als pflichtmäßig
verbindend erklärten, mußten somit zur Aggression schreiten;
und indem, wie ebenfalls bereits hervorgehoben wurde, das
Christenthum sich über sämmtliche nördliche, der Islam
hingegen über sämmtliche südliche Küsten des Mittelmeeres
verbreitete und dauernd festsetzte, mußten ebenso nothwendig
an den Stellen, wo die beiden heterogenen Elemente auf-
einandertrafen, Reibungsflächen entstehen. Diese Stellen liegen

naturgemäß an den beiden Endpunkten der Längenachse des
Mittelmeeres, also bei den Säulen des Herkules und auf
der iberischen Halbinsel im Westen, bei den Meerengen und
an der kleinasiatisch-syrischen Küste im Osten; die reiche
Küstenentwicklung und die zahlreichen Inseln des Mittelmeeres trugen ihrerseits dazu bei, die Berührungspunkte und
mithin die Reibungsflächen zu vermehren. Eine Complication der Verhältnisse entsteht, indem das Christenthum
dem Islam nicht in geschlossener Masse, sondern in zwei
feindliche Lager gespalten gegenübertritt, die zu den Fahnen
Rom und Byzanz schwören; eine weitere Complication,
indem im römischen Lager selbst zwei Häupter sich den
ersten Rang streitig machen, und überdies der nationale
Gegensatz zwischen romanischem und germanischem Wesen zu
scharfen politischen Differenzen führt, während Byzanz in
dem jahrhundertelangen Ringen zwischen Abend- und Morgenland eine zweideutige schwankende Rolle spielt, und demzufolge allmählig zerrieben wird.

Es würde den engen Rahmen dieser Skizze überschreiten, die in Vorhergehenden enthaltenen Hinweisungen
auf die eminente welthistorische Bedeutung des Mittelmeeres
noch weiter auszuführen; schon die bisherigen dürften zur
Begründung der aufgestellten These genügen, daß die wahrhaft bewegenden Ideen, die den Entwicklungsfortschritt der
Menschheit bezeichnen, zumeist hier ihren Ursprung gehabt,
und von hier aus sich über die übrige Erdoberfläche verbreitet haben. Das Maßgebende in der Weltgeschichte bleibt
stets die bewußte Idee; politische und sociale Gestaltung

der Staaten und Völker, materielle und geistige Cultur,
Wohlstand und Handelsverkehr, Wissenschaft und Kunst, sie
alle sind nur verschiedene Erscheinungsformen ihrer Wirk-
samkeit. Der Zeitpunkt, mit welchem die vorhergehenden
Hinweisungen abgebrochen worden, erscheint besonders
geeignet, die mannigfachen Wirkungsweisen der Idee zu
beleuchten. Drei Ideen sind es vorzugsweise, die jenem
Zeitpunkte eigenthümlich sind und ihm eine charakteristische
Signatur aufdrücken: Die Lehre Christi, die Lehre Mohammeds
und der Kampf der weltlichen mit der geistlichen Gewalt.
Jede derselben ringt nach Bethätigung und äußert sich in
Kraftwirkungen, die ineinander spielen, sich kreuzen, sich
potenzieren oder aufheben, und hieburch die gesammte Welt-
lage beherrschen. Unter ihrem Einflusse gruppieren sich die
Großmächte, das deutsch-römische und das byzantinische
Kaiserreich, und das Reich der Khalifen, immer dichter und
enger um das Mittelmeer, verlieren aber gleichzeitig an
innerer Consistenz und Macht, und bröckeln zum Vortheil
aufstrebender Nachbarn ab; neben dem abendländischen
Kaiserreiche beginnt sich einerseits Frankreich, andersseits
Ungarn mächtig zu erheben, vom großen Khalifenreiche fallen
Spanien, Afrika und Ägypten ab. Weiter, unter dem Einflusse obgenannter Ideen, beginnt ein Strömen des wehrhaften Theiles der abendländischen Völker nach dem Orient,
eine Art Völkerwanderung von West nach Ost; die ursprüngliche Absicht dieser „Kreuzzüge", die heiligen Stätten Palästinas
und Syriens den Mohammedanern zu entreißen und sie zum
Mittelpunkte des christlichen Cultus zu machen, wandelt sich

allmählig in das zielbewußte Streben, dem ganzen Islam
ein Ende zu machen, den gesammten Orient zu erobern, und
ihn als gute Beute unter die abendländischen Fürsten und
Großen zu vertheilen, die daselbst, in wiederholtem glücklichen Anlauf, eine ganze Reihe ephemerer Staatengebilde
schaffen. Doch die Mohammedaner treiben die Eindringlinge
wiederholt blutig zurück, das byzantinische Reich kämpft
gegen beide; es entrollt sich vor dem Betrachter ein
chaotisches Gewirre feindlicher Kräfte. Aber eben dieses
chaotische Gewirre hat zur Folge, daß die verschiedenartigsten
Völker untereinander in den unmittelbarsten Contact kommen,
sich kennen lernen und sich gegenseitig mit ihren Anschauungen, Einrichtungen und Bedürfnissen durchtränken; ist
auch der Contact meist ein feindlicher, so schlingt er nichts-
bestoweniger das alle Mittelmeer-Bewohner verknüpfende
geistige und materielle Band nur noch enger. Das Abendland wird mit den Wundern und der Pracht des Orientes
vertraut, es eröffnet sich ihm ein neuer Horizont,
der es mit Staunen und Begehrlichkeit erfüllt; es lernt
hier köstliche Naturproducte, den Sinnen schmeichelnde
Genüsse, eine blühende Industrie, eigenthümliche Kunst-
formen, verfeinerte Sitte, üppiges Wohlleben kennen und
schätzen; daneben erhält es von dem geistigen Zauber
orientalischer Beschaulichkeit und Seelenruhe, von arabischer
und ägyptischer Wissenschaft und Philosophie tiefe Eindrücke.
Der Orient hinwieder lernt vom Abendlande dessen überlegenes Kriegswesen, dessen bessere Taktik und Bewaffnung,
dessen strammere staatliche und sociale Organisation und

dessen vorgeschrittenere Schiffahrtskunst; kurz, es entsteht
auf allen Gebieten des geistigen und materiellen Lebens ein
gegenseitiger lebhafter Austausch. Und allen diesen Austausch,
alle feindliche und friedliche Berührung vermittelt der
blaue Spiegel des Meeres; der Landweg wird hiezu zu
umständlich, zu zeitraubend, zu beschwerlich. Das Verlangen,
große Volks- und Truppenmassen rasch und leicht aus dem
europäischen Westen nach dem Orient zu schaffen, ruft plötzlich
den ungeahnten Aufschwung einer blühenden Groß-Industrie,
des Schiffbaues, ins Leben; ihm widmen sich einige betrieb-
same, unternehmungslustige Küstenstädte des Thyrrhenischen
und Adriatischen Meeres und legen hiemit den Grund zu
einer Prosperität, die bei zweien derselben, Venedig und
Genua, selbst bis zur Großmachtstellung anwächst. Die
venetianischen und genuesischen Schiffe, welche die Kreuzfahrer nach dem Orient übersetzten, beladen sich in den
dortigen Häfen zur Rückfracht mit all den kostbaren Waren,
die eben im Abendlande bekannt und begehrt zu werden
beginnen, mit feinen Geweben, Purpur- und Seidenstoffen,
Specereien und Gewürzen; Venedig und Genua werden zu
den größten, reichsten Warenlagern der Welt, reißen, gleicherweise von kriegerischem und kaufmännischem Geiste beseelt,
fast den gesammten Seehandel an sich, gründen im ganzen
Orient Niederlassungen und Handelsagentien, und gelangen
auf diese Weise zu ungeheurem Reichthum; und, da Reichthum gleichbedeutend ist mit Macht, werden diese Städte,
ohne Territorialbesitz, nur durch die Größe und Tüchtigkeit
ihrer Seeflotten zu thatsächlichen Großmächten, die durch

lange Zeit das Meer beherrschen und in der Politik ein
gewichtiges Wort führen. Materiell, politisch und geistig
werden sie zu Bindegliedern zwischen Abend- und Morgenland, und hiemit zu den einflußreichsten Trägern einer
kosmopolitischen Culturentwicklung, während ihnen gleichzeitig ein wichtiges Medium des Fortschrittes, die Schiff-
fahrtskunst, Ausbildung und Vervollkommnung verdankt; sie
inaugurieren für die letztere eine wichtige, bedeutsame Epoche.
Aber nicht nur die Küstengebiete machen unter dem Einflusse
der Kreuzzüge eine mächtige Wandlung durch, sondern der
ganze europäische Continent; die innere Gestaltung der
Staaten nimmt durch sie eine neue Form an. Die Kreuzzüge klären einerseits Ritterthum und Vasallenwesen zu
festeren, bestimmteren und würdigeren Formen ab, befördern
andererseits den blühenden Aufschwung des städtischen, sog.
„bürgerlichen“ Elementes, in welchem sich nun für lange
Zeit die Fürsorge für den materiellen Fortschritt concentriert,
und legen die erste Bresche in die Leibeigenschaft des Bauern-
standes, indem sie jedem Leibeigenen, der das Kreuz nimmt,
sofort die Freiheit geben, und somit einen freien Bauern-
stand schaffen. Namentlich aber legen die Kreuzzüge — und
dies ist eine ihrer bedeutendsten und wichtigsten Folgen für
die ganze Welt — den Grund des modernen Staatsrechtes,
indem sie zur Veranlassung werden, daß das gegenseitige
rechtliche Verhältnis zwischen Fürsten und Unterthanen neu
geregelt, und in feierlichen Urkunden verbrieft und besiegelt
wird. In diesen Urkunden werden den Unterthanen seitens
der Fürsten Rechte und Freiheiten dauernd und verbindlich

eingeräumt (z. B. die Magna Charta der Engländer, die Bulla aurea der Ungarn rc.), aus welchen sich die einzelnen Staatsverfassungen und das Princip des Constitutionalismus und des Parlamentarismus entwickeln; man kann demnach mit Recht die Idee der geordneten politischen Freiheit, wie sie von der Gegenwart verstanden wird, wenigstens mittelbar von den Kreuzzügen ableiten.

Kaum minder bedeutsam äußert sich der große Einfluß der Idee auf die Gestaltung der Weltverhältnisse im Kampfe zwischen der weltlichen und geistlichen Gewalt. Die zwei Länder, in welchen er am längsten und erbittertsten tobt, Italien und Deutschland, werden durch ihn in ihrer nationalen und politischen Entwicklung ganz eigenthümlich berührt; während in fast allen anderen Theilen Europas die Staatenbildung einen Weg einschlägt, der im großen und ganzen vom Bewußtsein nationaler Zusammengehörigkeit bedingt wird und einem gemeinsamen Mittelpunkte innerhalb der letzteren zustrebt, überläubt im römisch-deutschen Kaiserreiche der Kampfruf: „Hie Welf, hie Waiblingen!" jede andere Stimme. Der Parteigeist erweist sich hier mächtiger als das nationale Band; er wird zum Mittelpunkte des allgemeinen Interesses, das sich um ihn in zahlreichen Einzelngebilden gruppiert; und indem er einen guten Deckmantel für selbstsüchtige Zwecke Einzelner abgibt, bewirkt er die Entstehung der Kleinstaaterei, des Duodezfürsten- und Municipalwesens. Der Particularismus, wie er sich infolge des Kampfes zwischen Kaiser- und Papstgewalt in Deutschland und Italien entwickelte, verhinderte die Constituierung

dieser Länder zu nationalen Einheitsstaaten, wie es Frankreich, England, Spanien u. a. wurden; er blieb fortbestehen,
lange, lange Zeit, nachdem seine ursprüngliche Veranlassung
bereits aufgehört hatte; er lähmte die politische Actionsfähigkeit der Deutschen und Italiener nach außen, brachte sie
nicht selten unter fremden Einfluß, zum Theil selbst unter
fremde Botmäßigkeit, und machte früh den Glanz der Kaiserkrone zu einem wesenlosen Schemen.

Bei alledem erwies sich der deutsche und italienische
Particularismus, wenngleich schädlich im Sinne nationaler
Machtentfaltung, doch vom größten und wohlthätigsten
Einfluß auf die geistige Cultur im allgemeinen. Die Kleinstaaterei schuf eine Menge von localen Mittelpunkten, die,
nicht bedeutend genug, um ihr ganzes Interesse von den
Welthändeln absorbieren zu lassen, Lust und Muße fanden,
sich der Pflege von geistigen Interessen und engumgrenzter
materieller Wohlfahrt zu widmen. Unter den zahlreichen
kleinen Fürstenhöfen werden gar manche zu Stätten, wo
Poesie und Kunst, verfeinerter Lebensgenuß und veredelte
Umgangsformen, Geselligkeit und gute Sitte eine liebevolle
und beispielgebende Pflege finden, während in den freien
Städten und kleinen Republiken eine tüchtige, selbstbewußte
Bürgerschaft sich bildet, die einerseits Gewerbe, Industrie
und Verkehr zu hoher Ausbildung und zu gesellschaftlichem
Ansehen bringt, andererseits mit Ernst und Eifer den Wissen-
schaften zu obliegen beginnt. Die Wissenschaften waren bisher
fast ausschließliche Domäne der Geistlichkeit, namentlich der
Klostergeistlichkeit gewesen, und hatten hiedurch jene zum

Theil einseitige und sterile Richtung genommen, die man als Scholastik bezeichnet; durch das Eingreifen des bürgerlichen Elementes kommt nun ein frischerer, rühriger Zug in die wissenschaftliche Forschung, der sich besonders bei der Philosophie, der Astronomie und der Medicin bemerklich macht, und eine neue, bisher fast gänzlich vernachlässigte Disciplin vorbereitet und einleitet, die Naturforschung. Und gar, als das Interesse am classischen Alterthum zu erwachen, das Studium der antiken Literatur und Kunst und des Griechischen der Welt eine neue Leuchte zu entzünden beginnt, da sind es vorzugsweise die weltlich-bürgerlichen Kreise italienischen und deutschen Hof- und Städtewesens, die der neuen Offenbarung lauschen, sie begierig aufnehmen und verarbeiten, und damit eine neue umfassendere Weltanschauung, und den Anbruch einer neuen welthistorischen Epoche vorbereiten. Italiener und Deutsche, obwohl als Nationen zersplittert und zu politischer Ohnmacht verurtheilt, stehen während des ganzen Mittelalters an der Spitze der europäischen Cultur und Civilisation, und üben durch geistige Überlegenheit denjenigen maßgebenden Einfluß auf die Weltgeschicke, der ihnen auf politischem Gebiete sonst versagt bleibt. Ihnen verdankt die Welt die wichtigsten und folgenschwersten Entdeckungen und Erfindungen; die Kenntniß der Neuen Welt, des Compasses, der Buchdruckerkunst, des Schießpulvers knüpft sich an die Namen Columbus, Gioja, Guttenberg, Berthold Schwarz; das Wiedererwachen der Lichtwelt der Kunst aus langem, langem Schlafe, es knüpft sich an die Namen Cimabue, Giotto, Fiesole. Schongauer,

Holbein, Dürer; das glänzende Ergebnis wissenschaftlicher
Forschung an die Namen Novara, da Vinci, Regiomontanus,
Paracelsus, Copernicus; das gewaltige Streben nach
Befreiung aus geistigen Fesseln an die Namen Savonarola,
Reuchlin, Hutten, Luther; mit einem Worte, auf jedem
Gebiete geistiger Thätigkeit sind die Italiener und Teutschen
voran, werden zu Pfadfindern und Bahnbrechern der Cultur,
und hiemit zu den einflußsreichsten Elementen organischer
Civilisationsentwicklung. Und bei näherem Zusehen wird
man unwiderleglich finden, daß die Energie und Intensität
des Geistleslebens dieser Völker sowohl unmittelbar als
mittelbar aus dem Kampfe der weltlichen und geistlichen
Gewalt entspringt, wenn auch die ursprünglichen streitenden
Parteien, Kaiser und Papst, bald andere Form angenommen
hatten, und an Stelle der Personen die Begriffe Staat und
Kirche oder Wissenschaft und Dogma getreten waren. —
  Spielen die Mittelmeerländer eine führende Rolle in
der politischen, religiösen und culturellen Geschichte, so tritt
ihre geistige Superiorität noch glänzender hervor, wenn man
ihren Einfluß auf die ästhetische Bildung der Menschheit
in Betracht zieht. Bildende Kunst, Musik und Dichtkunst
finden hier ihre eigentlichste Heimstätte; nur hier entwickelt
sich aus dem geläuterteren Sinne und dem feineren Gefühle
der Begriff und der Genuß des Schönen. Die Baukunst
abgerechnet, haben die alten Culturvölker des Ostens das
Wesen der Kunst nicht zu erfassen vermocht; ihre Malerei
hat sich nicht über primitive Schilderei, ihre Musik nicht
über melodiöse Schallwirkung erheben können, während ihre,

übrigens technisch hochentwickelte, Bildhauerei unter dem
Einflusse abstraler Weltanschauung in fratzenhaft bizarrem
Formalismus gefangen blieb. Erst der mittelländische Hellenismus hat die Kunst in höhere Regionen zu erheben,
ein allgemein gültiges, internationales Schönheitsideal auf-
zustellen gewußt; und als dieses Ideal später unter der
Ungunst äußerer Verhältnisse eine Verdunklung erfahren,
war es Italien, das es neuerdings zum Leben erweckt
und der ganzen gesitteten Welt mitgetheilt. Die Fruchtbarkeit
und Intensität der ästhetischen Ideen, die aus so kleinen
Gebieten wie Griechenland und Italien im Alterthum und
Mittelalter ausstrahlten, hat ihnen auf der ganzen Erdoberfläche sieghafte Verbreitung gegeben, und steht beispiellos
da in der Geschichte der Entwicklung der Menschheit; die
Ausbildung der Malerei, der Bildhauerei und der Musik
zur Kunst im ästhetischen Sinne ist fast ausschließlich auf
hellenisch-italischen, also auf mittelländischen Ursprung zurück-
zuführen.

Nicht minder spielt das Mittelmeer in der Dichtkunst
eine große Rolle; es bietet den localen Hintergrund und
den Schauplatz für die schönsten Sagen und Dichtungen,
die unbeschadet ihres hohen Alters noch heute das Entzücken
der gesitteten Welt bilden. Wer kennt nicht den Kampf um
Troja, die Fahrt der Argonauten um das Goldene Vlies,
die Irrfahrten des Odysseus und des Aeneas, die Sagen
von Jason und Medea, Bacchus und Ariadne, von Herkules,
Theseus, Perseus, von Hero und Leander, und so viele andere,
die sich alle innigst an das Mittelmeer knüpfen? Wer kann

die tausendfältigen Beziehungen der schönsten mittelalterlichen
Sagen, von König Artus' Tafelrunde und vom heiligen
Graal, von Parcival und Roland ꝛc. zum Mittelmeere
verkennen? Es gibt den äußeren Rahmen ab zu Dante's
„Göttlicher Komödie“, zu Tasso's „Befreitem Jerusalem“,
zu Ariosto's „Rasendem Roland“, zu Cervantes' „Don
Quixote“, zu Calderon's, Lope de Vega's, Corneille's und
Racine's classischen Dramen, zu Fénélon's, „Télémaque“,
u. s. w.; es begeistert in neuerer Zeit Lord Byron zu seinem
„Childe Harold“ und seinem „Don Juan“, und findet seine
Verherrlichung in der größten, gedankenreichsten und form-
vollendetsten deutschen Dichtung, in Goethe's „Faust“.
(II. Theil, 2. und 3. Act.)

*   •   *

Hand in Hand mit dem bestimmenden und führenden
Einflusse, den das Mittelmeerbecken (nämlich die dasselbe
bewohnenden Völker), bis in das späte Mittelalter direct,
und von da ab mindestens indirect auf die geschichtliche und
culturelle Entwicklung der Menschheit ausgeübt, geht die
hervorragende Bedeutung die demselben in der speciellen
Geschichte des Seewesens zukommt. Infolge der
durch die eigenthümliche geographische Lage und physische
Beschaffenheit des Mittelmeerbeckens bewirkten außerordent-
lichen Erleichterung freundlichen und feindlichen Verkehres
zwischen verschiedenartigen Racen und Nationen, mußte
sich eben hier auch das intensivste Leben auf der völker-
verbindenden Wasserfläche selbst, mithin die Schiffahrt, ent-

wickelu. Thatſächlich ſpielt kein Meer der Erdoberfläche in
der Geſchichte der Schiffahrt eine nur annähernd wichtige
Rolle als das Mittelmeer, und auch hierin ſpiegelt ſich das
mehrfach hervorgehobene geiſtige Übergewicht ſeiner Anwohner
über andere Erdbewohner wieder. Die Schiffahrt wurde ja
von anderen an der See lebenden Völkern ebenfalls ſeit
Jahrtauſenden betrieben, zum Theil ſogar ſehr lebhaft, wie
im Indiſchen Ocean, in der Sundaſee, im Gelben Meere;
zweifelsohne auch, wiewohl wir hievon keine hiſtoriſche
Kenntnis haben können, in den Archipels der Neuen Welt;
doch ſind dort Schiffahrtskunſt und Schiffbau ſtationär
geblieben, ohne einen Fortſchritt, ein Streben nach Vervollkommnung zu zeigen. Der Malaye baut ſeine Prauen,
der Chineſe ſeine Dſchunken, der Polyneſier ſeine Canoes
heute noch ſo, wie vor hundert, wie vor tauſend Jahren;
der Chineſe kennt den Compaß ſeit zweitauſend Jahren,
und iſt trotzdem nur Küſtenfahrer geblieben. Nur im Mittelmeere zeigt ſich ein ununterbrochener Fortſchritt in Schiffahrtskunſt und Schiffbau, ein Fortſchritt, der erſt gegen Ende
des Mittelalters von den nordeuropäiſchen Seeſtaaten
überflügelt wird. Die geſchichtliche Kenntnis des Seeweſens und deſſen praktiſcher Entwicklung knüpft ſich im
Alterthume ausſchließlich, und im Mittelalter vorzugsweiſe
an das Mittelmeer, wenngleich ſeit Beginn der Völkerwanderung ein von dieſem unabhängiges Element, das
Seeweſen der Skandinavier, Frieſen und Angeln ſelbſtändig
in Erſcheinung tritt.

Die Schiffahrt an und für ſich wird zweifelsohne
3*

ausgeübt, seitdem vernunftbegabte Lebewesen die Küsten des
Meeres, die Ufer von Seen und von Flüssen bewohnen; sie
hat demnach gewiß an sehr verschiedenen Punkten der Erdoberfläche originär ihren Anfang genommen, und hat jedenfalls die vorhistorische Epoche der Pfahlbauzeit schon die
Bekanntschaft mit der Schiffahrt zur Voraussetzung. Es
kann demnach durchaus nicht behauptet werden, daß die
Schiffahrt im Mittelmeergebiete begonnen habe; dagegen
gehört diesem das erste „Schiff" an, dessen in einer schrift-
lichen Urkunde erwähnt wird, nämlich die Arche Noah,
die nach der biblischen Erzählung (1. Mos., 6, 14,) zur
Zeit der großen Sündflut das Menschengeschlecht und die
Thierwelt vor gänzlicher Vernichtung bewahrte und ihren
Inhalt auf dem Berge Ararat in Armenien, zwischen dem
Schwarzen und Kaspischen Meere, also im Mittelmeergebiete,
absetzte. Zwar kann die Arche noch kein Schiff im eigentlichen Sinne genannt werden, da ihr ein wesentliches
Kriterium des Schiffes, die Lenkbarkeit und der Bewegungs-
mechanismus, fehlt; sie repräsentiert nur einen riesigen
schwimmenden Trog, was auch ihr hebräischer Name Theba,
d. i. Kasten, andeutet; dagegen gibt die Bibel ausführlich
ihre Bauart und ihre Dimensionen an, und somit das erste
anschauliche Bild eines Schiffbaues. Die Arche (תבה =
Anfang) war nach Mosis Beschreibung aus Cedernholz
gebaut, dreistöckig, mit einer seitlichen Thüre und oben mit
einem Fenster versehen, von außen und von innen verpicht
und enthielt zahlreiche Kammern; sie hatte eine Länge von
300, eine Breite von 50 und eine Höhe von 30 hebräischen

Ellen, mithin ganz gewaltige Dimensionen; ihre Herstellung
hatte mehrere Jahre erfordert. — In noch weit höherem
Grade gehört dem Mittelmeere jenes erste wirkliche Schiff
an, das in der griechischen Heroensage als Argo erwähnt
wird (man beachte die etymologische Verwandtschaft zwischen
Arche und Argo); es war das Schiff, auf welchem Jason
und seine Gefährten die Fahrt nach Kolchis um das Goldene
Vlies antraten.   Trotz des sagenhaften und dichterischen
Charakters des Argonautenzuges beruht derselbe ohne
Zweifel auf historischer Grundlage und dürfte in das
14. Jahrhundert vor Christi Geburt zu verlegen sein. Von
Jason's Schiff geben mehrere alte Autoren (Epimenides,
Pindar, Valerius Flaccus u. a.) eine genaue Beschreibung;
sie ist von Wichtigkeit, da sie hervorhebt, die Argo habe
alle Schiffe, die man bisher gesehen, an Größe übertroffen, was den Schluß zuläßet, daß nur die Dimensionen,
nicht aber die Bauart der Argo, jener grauen Vorzeit als
etwas Neues galten und demnach die griechische Schiffbaukunst schon in der Heroenzeit auf einer verhältnismäßig
hohen Stufe gestanden haben muß.   Die Argo war ein
„langes Schiff", von Fichtenholz gebaut, vorne und hinten
mit Aufbauen versehen und von 50 Rudern getrieben; statt
des Mastes hatten, der Sage nach, die Götter eine Eiche
aus dem dodonäischen Walde auf das Schiff gepflanzt. Die
Erwähnung des Mastes ist gleichfalls von Wichtigkeit, da
sie auf Kenntnis und Gebrauch der Segel schließen läßet;
auch wird die Erfindung der Segel einem Zeitgenossen des
Jason zugeschrieben, dem Dädalos, Erbauer des kretischen

Labyrinthes und ältestem künstlerisch-technischen Universal-
genie der Griechen. Auch des Steuerruders wird ausdrücklich
erwähnt; von den 50 Gefährten des Jason fungierte Tiphys
als Steuermann, der scharfäugige Lynceus als Auslüger.
Nach allem Gesagten war die Argo ein Schiff in des
Wortes vollster Bedeutung, mit Rudern und Segeln willkürlich bewegt und seemännisch gesteuert; über ihre Dimensionen sind keine ziffermäßigen Angaben erhalten, doch müssen
sie als sehr ansehnliche angenommen werden; denn die
50 Ruder bedingen jedenfalls eine Bedienungsmannschaft
von einigen hundert Köpfen und die 50 Helden, die das
Schiff bestiegen, sind auch nicht ohne zahlreiche Gefolgschaft
zu denken. Daß das Schiff Argo von Mit- und Nachwelt
als ein Wunder angestaunt wurde, beweist auch die Mythe
von dessen Versetzung unter die Sternbilder des Himmels.

Während der anderthalb Jahrhunderte, die zwischen
dem Argonautenzuge und dem trojanischen Kriege lagen,
müssen Schiffbau und Schiffahrt bedeutende Fortschritte
gemacht haben; denn vor Troja erschienen Agamemnon
und seine Gefährten, nach Homer's unsterblichem Zeugnisse,
bereits mit einer gewaltigen Flotte von über tausend Schiffen.
Es waren dies aber keine „langen", sondern flachgehende,
kurze, sogenannte „runde" Schiffe, die nur am Hintertheile
mit einem Verdeck versehen waren und in der Mitte einen
Mast mit einem einzigen Segel führten; die größten derselben faßten nur 120 Mann, und waren so leicht, daß
sie ans Land gezogen werden konnten. Dies thaten die
Griechen auch und benützten die Schiffe zur Befestigung

ihres Lagers vor Troja, daher auch die Ilias viel von dem
„Kampf um die Schiffe", nicht aber von Seegefechten zu
berichten weiß. Übrigens findet sich in ihr ein genaues
Verzeichnis der griechischen Schiffe; dieser Katalog, die
sogenannte Boeotia, bildet die älteste Urkunde griechischer
Geschichte und Länderkunde. Nach der Einnahme von Troja
wurde die heimkehrende griechische Flotte zum großen Theile
durch Stürme zerstreut und vernichtet; dies Geschick traf
auch den „göttlichen Dulder" Odysseus, der seine abenteuerreiche Heimfahrt auf gemieteten phönizischen Schiffen antreten
mußte und dieser Umstand leitet zu dem wichtigsten seefahrenden Volke des Alterthums, den Phöniziern, hinüber.

Die Schiffahrt der Phönizier ist mindestens so alt,
als die der Griechen, wenn sich auch ihre Anfänge in noch
undurchdringlicheres Dunkel hüllen. Zur Zeit des trojanischen
Krieges, also im 12. Jahrhundert vor Chr. Geb., war das
Ägeische Meer bereits von einer großen Zahl von phönizischen
Colonien und Handelsniederlagen erfüllt, die sowohl unter
sich, als mit dem Mutterlande an der syrischen Küste einen
lebhaften Verkehr unterhielten, und die sich mit großer
Raschheit gegen Westen ausbreiteten. Im 11. Jahrhundert
colonisierten die Phönizier bereits die Inseln Sicilien,
Sardinien und Malta, die Nordküsten von Afrika und die
mittelländischen Küsten von Spanien; ja sie drangen selbst
durch die Säulen des Herkules und setzten sich an den
atlantischen Küsten Afrikas und Spaniens fest, an der
letzteren das berühmte Emporium Gades (Cadix), gründend.
Unter König Hiram von Tyrus, 1001—967 v. Chr. Geb.,

segelten sie schon bis Britannien und in die Nordsee (von
wo sie als geschätzteste Waren Metalle, namentlich Zinn,
und Bernstein brachten), und durch das Rothe Meer bis
Indien. Über Bauart, Größe und Ausrüstung der ältesten
phönizischen Schiffe ist nichts Näheres bekannt, doch bedingt
schon die weite Ausdehnung ihrer Fahrten einen gewissen
Grad von Vollendung, da sie die ersten waren, die sich von
der Küstenschiffahrt zu emancipieren und in die hohe See
hinauszusteuern wagten. Indem die Phönizier hiebei den
Lauf ihrer Schiffe nach den Gestirnen richteten, und letztere
daher regelmäßig und genau beobachteten, legten sie den
Grund zur nautischen Astronomie, und erwarben sich hiedurch
ein unverlöschliches Verdienst um die Schiffahrt. Nicht minder
machten sie große Fortschritte im Schiffbau, und zu den
Zeiten des erwähnten König Hiram hatte derselbe bereits
eine hohe Stufe von Vollkommenheit erreicht; man unterschied damals schon „lange“ und „runde“ Schiffe, je nachdem
sie mehr kriegerischen oder commerciellen Zwecken dienten;
für die ersteren wurden mehr die Ruder, für die letzteren
mehr die Segel verwendet. Sowohl die eigentlichen Kriegsschiffe νῆες μακραι, als die Handelsschiffe, γαυλοι, konnten
bereits Besatzungen von zwei- bis dreihundert Mann aufnehmen; außer diesen hatten die Phönizier noch eine dritte
Art von leichten kleinen Fahrzeugen, Jonten genannt, die
aus einem Gerippe von Papyrusstäben bestanden, die mit
Thierhäuten überzogen waren. (Sollte etwa eine etymologische
oder sonstige Verwandtschaft zwischen den phönizischen Jonten
und den chinesischen Tschunken bestehen?) Der Gebrauch des

Ankers findet sich bei den Phöniziern zuerst; seine Erfindung wird dem Eupalamus aus Tyrus zugeschrieben. Überhaupt galten im Alterthume die Phönizier als die geschicktesten Seeleute; selbst andere seefahrende Nationen verwendeten mit Vorliebe phönizische Steuerleute, und König Salomo bediente sich zu seinen großen Seeunternehmungen ausschließlich phönizischer Schiffe und Mannschaften. Auch die Ägypter, die ab und zu einen gewaltigen Anlauf nahmen, sich den Ocean zu erschließen, nahmen hiezu stets die Hilfe der Phönizier in Anspruch, und überließen ihnen namentlich den mittelländischen Seehandel vollständig.

Den Phöniziern erwuchsen aber bald übermächtige Nach- barn in den Assyriern, die im 8. Jahrhundert v. Chr., unter ihren Königen Tiglat-Pilesar und Salmanassar, durch Eroberung des Reiches Damascus sich an der syrischen Küste festsetzten. Die Phönizier konnten den neuen Eroberern umso- weniger für die Dauer widerstehen, als sie keinen einheit- lichen Staat bildeten, sondern in eine Anzahl unabhängiger, sich gegenseitig aus Handelsconcurrenz befehdender Klein- staaten zerfielen, deren blühendste Tyrus, Sidon, Berytus, Byblus und Aradus waren; die vier letztgenannten mußten bald, wiewohl widerwillig und unter zahlreichen Empörungen, sich der Herrschaft der Assyrier unterwerfen, und dergestalt diesen den Kern einer Seemacht liefern, die in der Folge, und im Zusammenhange mit den ferneren Geschicken des assyrisch-babylonischen Reiches, an die Meder und an die Perser übergieng. Nur Tyrus, die reiche und mächtige Insel- stadt, konnte sich noch durch längere Zeit unabhängig erhalten,

und namentlich den Angriff des Königs Salmanassar, im
Jahre 730 vor Chr., siegreich zurückweisen. Bei dieser
Gelegenheit erwähnt die Weltgeschichte der ersten großen
S e e s c h l a ch t ; die tyrische Flotte schlug durch ihre
größere Gewandtheit im Manövrieren die an Zahl fünffach
überlegene assyrische, und zwar kam hiebei die Stoßtaktik,
nämlich das Anrennen und Indengrundbohren des Gegners
mittelst des scharfen Schiffschnabels, zur Anwendung. Da
die assyrische Flotte aus den Schiffen der unterjochten
Phönizier bestand, so mag die Unlust der letzteren, zum
Vortheile fremder Unterdrücker gegen Landsleute zu fechten,
zur Niederlage der ersteren beigetragen haben. Aber trotz
dieser glänzenden Abwehr kam auch Tyrus immer mehr und
mehr in die Abhängigkeit vom assyrisch-babylonischen Reiche,
namentlich seitdem die reichsten und angesehensten tyrischen
Familien in die afrikanische Colonie Karthago ausgewandert
waren und diese von der Mutterstadt losgerissen und
unabhängig gemacht hatten. In die Aufstände der Israeliten
gegen die Babylonier und in die Kriege der letzteren gegen
Ägypten mitverwickelt, kam Tyrus vorübergehend unter
ägyptische Herrschaft, und wurde endlich im Jahre 567 v. Chr.
vom babylonischen König Nebukadnezar nach 13jähriger
Belagerung definitiv unterworfen (ob durch Eroberung oder
Vertrag, ist ungewiß). Von da an ist es mit der nationalen
Existenz der Phönizier vorbei; sie kamen nach dem Falle
des babylonischen Reiches an die Perser, spielten jedoch
unter diesen als das Hauptelement der persischen Seemacht
im Mittelmeere noch eine gewisse Rolle, sowie die Städte

Tyrus und Sidon dem Namen nach noch eigene Könige behielten, bis sie allmählig auch ihren ethnographischen Charakter einbüßten, und unter den übrigen Syriern aufgiengen.

Eine eigenthümliche Stelle in der Geschichte der Schifffahrt nehmen die Ägypter ein; diese ist wesentlich bedingt von dem belebenden Elemente des eigenartigen Landes, vom Nil. Bekanntlich hieng und hängt in Ägypten alles Leben und Gedeihen, Fruchtbarkeit und Wohlstand vom Nil und seinen regelmäßigen Überschwemmungen ab; er galt demnach seit dem grauesten Alterthume als der Erhalter und Wohlthäter des Landes, und genoß, als Osiris personificiert, göttliche Verehrung. Indem aber der Nil vom Meere, bei den alten Ägyptern als Typhon personificiert, verschlungen wird, erschien dieses als der Mörder des Wohlthäters, und somit in einer hassenswerten Gestalt. Demnach hatten die alten Ägypter eine Abneigung gegen das Meer, namentlich gegen das den Nil verschlingende Mittelmeer; und die Priester, denen daran gelegen war, alle fremden Einflüsse vom Volke fernzuhalten, unterstützten und nährten diese Abneigung; auch war der Holzmangel Ägyptens dem Schiffbaue hinderlich. Andererseits erkannten die Könige in der Seeschiffahrt und dem Seehandel die Quellen zur Vergrößerung ihrer Macht und versuchten, die Abneigung der Priesterschaft und des Volkes gegen das Seewesen zu bekämpfen. Aus diesen, sich diametral entgegengesetzten Tendenzen erklärt sich die sonderbare Erscheinung, daß das über zwei Seeküsten verfügende Ägypten von Zeit zu Zeit gewaltige

Anläufe nimmt, um eine große Seemacht zu werden, und
es doch nie dauernd dazu bringen kann. Nur auf dem Nil,
dem heiligen Strome, entwickelt sich eine nationale Schiffahrt
und kommt zu hoher Blüte; die Nilschiffer bilden eine
zahlreiche Classe des streng in Kasten gegliederten Volkes
und geben der Schiffahrt eine höchst originelle Form. Da
das Land kein Schiffbauholz erzeugt, machen sie sich thönerne
Schiffe! Eine mehrfache Reihe hohler irdener Gefäße wird
durch einen Rahmen aus Palmenholz miteinander zu einer
Art großer Schwimmblase verbunden, über den Rahmen
ein Geflecht von Tamariskensträuchern gelegt, in dessen
Mitte ein Akanthusstamm als Mast mit einem Segel aus
Papyrus befestigt, und das Schiff ist fertig. Außer diesen
typischen Nilboten, die sich durch Jahrtausende bis ins
Mittelalter hinein erhalten haben, hatten die alten Ägypter
aber auch vollkommenere, aus kurzen Akanthusbrettern
gezimmerte Nilschiffe, die sie Baris nannten, und mit
welchen sie die Fahrt selbst über die Katarakte wagten. —
Sobald es sich aber darum handelte, die Schiffahrt auf
das Meer auszudehnen, versagte sowohl das todte als das
lebende Material; daher blieben auch die grandlosen, mit
ungeheuren Mitteln ins Werk gesetzten maritimen Pläne
des Königs Ramses II. (1388—1322 vor Chr. Geb.) ohne
dauernde Wirkung. Ramses ließ, durch phönizische Werk-
leute und aus vom Libanon geholtem Holze eine Flotte
von 400 Schiffen erbauen, und zwar an den Küsten des
Rothen Meeres; um sich die Priesterschaft günstig zu stimmen
und sie für das Seewesen zu interessieren, machte er dem

Tempel von Theben ein aus Cedernholz gebautes Riesenschiff von 280 Ellen Länge zum Geschenke; er legte ein
Netz von Canälen an, und faßte als erster den großen
Gedanken, das Mittelländische mit dem Rothen Meere durch
einen Schifffahrtscanal zu verbinden; er erwarb und ver-
besserte die Häfen von Elath und Eziongeber; doch alles
vergebens, denn gleich nach seinem Tode kehrten die Ägypter
der ihnen unsympathischen Seeschifffahrt wieder den Rücken.
— Ein zweites mächtiges Auflodern königlichen Unternehmungsgeistes hatte 7 Jahrhunderte später, unter Neko
(616—600 v. Chr.), statt; dieser nahm den Plan des Ramses,
die Durchstechung der Landenge von Suez, wieder auf, allerdings auch, ohne ihn zu Ende zu bringen, und machte seine
Regierung durch die erste Umschiffung Afrika's denkwürdig. Die
Expedition gieng auf Neko's Befehl, von phönizischen Seeleuten geführt, vom Rothen Meere aus und gelangte, immer
hart an der Küste segelnd, um das Cap der guten Hoffnung
(zweitausend Jahre vor Vasco de Gama), und durch die
Meerenge von Gibraltar, nach dreijähriger Dauer wieder
nach Ägypten zurück. Herodot berichtet, die Schiffer hätten
während dieser Reise eine Zeitlang die Sonne im Norden
gesehen, und hält daher die ganze Reise für fabelhaft; nicht
ahnend, daß dieser Umstand, den das Alterthum in seiner
Unkenntnis von der Kugelgestalt der Erde sich nicht erklären
konnte, eben das glänzendste Zeugnis dafür ablegt, daß die
Reise thatsächlich stattgefunden hat! — Des Neko Enkel,
Apries (594—570 vor Chr.), und des letzteren Nachfolger
Amasis (570—526) brachten die ägyptische Schifffahrt und

namentlich den mittelländischen Seehandel zwar in die Höhe, aber hauptsächlich durch Vermittlung der Griechen, denen der Hafen Naukratis im Nildelta als Stapelplatz eingeräumt wurde; besonders Amasis, der weitaussehende maritime Pläne hatte, und darüber mit dem babylonischen, dann mit dem persischen Reiche in Conflict gerieth, sah sich genöthigt, seine maritime Stütze im griechischen Elemente zu suchen, da die Phönizier bereits in die Abhängigkeit seiner Gegner gekommen waren, und aus den Ägyptern selbst sich einmal durchaus keine Seeleute schnitzen ließen. Von seinem Bundesgenossen, dem Tyrannen Polykrates von Samos, dem besten See- manne seiner Zeit, unterstützt, eroberte Amasis die an guten Häfen und Schiffbauholz reiche Insel Cypern und machte sie zum blühendsten Stapelplatz des Mittelmeeres; überhaupt brachte er Ägypten auf den Höhepunkt seiner Macht und Ausdehnung, doch war dieser nur von kurzer Dauer, denn sofort nach Amasis' Tode brach das Verhängnis über das alte Pharaonenreich herein; es wurde zunächst von der neu aufstrebenden Großmacht, dem Perserreiche, verschlungen, 525, und büßte seine nationale Existenz für immer ein. Die spä- teren Blütepochen Ägypten's kommen auf Rechnung fremder Eroberer und Dynastien; eines nationalen Aufschwunges hat es sich nicht mehr fähig erwiesen.

Das ziemlich gleichzeitige Zurücktreten der Phönizier und der Ägypter aus der Reihe der selbständigen Völker kam, auf dem Gebiete des Seewesens, hauptsächlich den Griechen zustatten, die auf diesem ja schon von altersher eine hervorragende Stelle eingenommen hatten und nunmehr

zum wichtigsten und ersten der seefahrenden Völker wurden.
Zwar entwickelten sich gleichzeitig im Osten und im Westen
Griechenlands zwei bedeutende Seemächte, die persische und
die karthagische; doch keine derselben wurde der Entwicklung
der griechischen Schiffahrt sehr hinderlich. Die persische
Seemacht ermangelte, soweit wenigstens das Mittelmeer in
Betracht kommt, des nationalen Charakters und somit der
inneren Lebenskraft; ihr lebendes und todtes Flottenmaterial
wurde theils von den Joniern (den kleinasiatischen Griechen),
theils von Phönizlern und Syrern, also durchwegs von
unterjochten Völkerschaften, beigestellt; die karthagische
Seemacht hinwieder machte den Griechen keine Concurrenz,
da sie ihr Actionsgebiet hauptsächlich in den Westen des
Mittelmeeres und an die atlantischen Küsten erstreckte, während der Tummelplatz der griechischen Schiffahrt zumeist auf
die östliche Hälfte des Mittelmeeres beschränkt blieb.

Wenn von griechischem Seewesen gesprochen wird, muß
man wohl im Auge behalten, daß sich dieses einerseits, entsprechend der Zersplitterung des griechischen Volkes in eine
große Anzahl selbständiger Staaten und Gemeinwesen, in
politischer und commercieller Hinsicht auf die mannigfachste
und verschiedenartigste Weise entwickelte und daher durchaus
nicht unter Einen Hut gebracht werden kann; daß ihm
andererseits aber das gemeinsame nationale Band, der
specifisch hellenische Geist, in nautisch-technischer Hinsicht
doch wieder den Stempel der Einheitlichkeit aufdrückte.
Wenn demnach von den Zwecken und Zielen, dem Umfang,
der Ausbreitung, der Blütezeit und der Machtentfaltung des

griechischen Seewesens die Rede sein wollte, so müßte diese in eine lange Reihe streng gesonderter Specialgeschichten zerfallen, was, selbst andeutungsweise, den engen Rahmen vorliegender Skizze weit überschreiten müßte; in Bezug auf das Technische der Schiffahrt und des Schiffbaues aber läßt es sich ganz gut unter einem gemeinschaftlichen, einheitlichen Gesichtspunkt bringen. Vor allem springt hiebei in die Augen, daß die Griechen, trotz ihrer großen Vertrautheit mit und Liebe zu dem Meere, trotz ihrer Fertigkeit im Schiffbau und ihrer Geschicklichkeit im Rudern, Segeln und Steuern, doch eigentlich stets nur Küstenfahrer blieben, und sich nicht gerne in die hohe See begaben. Sie scheinen nie über das Mittelmeer hinausgekommen zu sein; daher hat ihnen auch die nautische Astronomie, die Geographie, die Meteorologie, die Länder- und Völkerkunde unmittelbar weniger Entdeckungen zu verdanken als den Phöniziern, Karthagern, und selbst den Aegyptern. Dagegen gebürt ihnen das unsterbliche Verdienst, die Entdeckungen und Erfahrungen der anderen Völker gesammelt, in ein System gebracht, wissenschaftlich bearbeitet und der Nachwelt überliefert zu haben. Der scharfsinnige, beobachtende, nach Vollkommenheit strebende hellenische Geist, der auf sämmtlichen Gebieten der Intelligenz so Großes geschaffen, konnte sich natürlich auch das des ihm so naheliegenden Seewesens nicht entgehen lassen, und mußte auf diesem zu voller Bethätigung kommen. Die ungemein reiche Gliederung der Küsten Griechenlands und des von Griechen bewohnten Kleinasien's, die große Menge und räumliche Nähe der Inseln, die dichte Bevölkerung derselben, die Mannigfaltigkeit der Producte und die Leichtigkeit ihres Austausches, das rasche und gleichzeitige Aufblühen unzähliger Städte und Kleinstaaten, alle diese Umstände wirkten zusammen, um die Griechen in erster Linie auf den Verkehr untereinander anzuweisen, und in diesem die volle Befriedigung aller Bedürfnisse, die Erreichung aller Wünsche finden zu lassen. Es war gewissermaßen die Natur selbst, die sie auf die interne, auf die Küstenschifffahrt hinwies und beschränkte. Die gleichen Umstände hatten aber auch zur Folge, daß sich die griechische Schiffahrt mehr nach der kriegerischen als nach der commerciellen Seite hin ausbildete. Die physische Beschaffenheit des Landes sowohl als die Geistes- richtung seiner Bewohner förderten die Zersplitterung in eine große Anzahl selbständiger Gemeinwesen, in welchen sich der Municipalgeist und der Localpatriotismus oft mäch- tiger erwiesen, als das gemeinsame, das ganze Hellenenthum umschlingende nationale Band; daher sich auch seit dem grauesten Alterthum die einzelnen griechischen Staaten fort- während befehdeten, gleichviel, ob sie monarchische, aristo- kratische oder demokratische Verfassung hatten. Bei der insularen Beschaffenheit eines großen Theiles dieser Staaten konnte die Befehdung nur zur See erfolgen, und selbst die am Festlande gelegenen sahen sich infolge ihrer tief ein- geschnittenen buchtenreichen Küsten zu Angriff und Abwehr auf die See angewiesen. Rechnet man noch hinzu, daß der außerordentlich große und reiche Verkehr auf den griechischen Gewässern den Seeraub seit je zu einem sehr lockenden und einträglichen Geschäfte machte, dem sich viele Inselgriechen,

und namentlich die Bewohner der kleinasiatischen Küsten mit
Eifer hingaben, so kann es nur natürlich erscheinen, daß
das griechische Seewesen früh einen kriegerischen Charakter
annahm, und hauptsächlich nach Vervollkommnung der Kriegsschiffe strebte. In dieser Richtung übertrafen denn auch die
Griechen alle übrigen seefahrenden Nationen; sie wurden so
sehr Meister im Bau von Kriegsschiffen und in der Kunst,
dieselben gewandt zu regieren, daß sie zur Zeit, als die
Perser Phönizien und Ägypten eroberten, den Pontus und
Kleinasien in ihre Gewalt brachten und somit zu einer ausgedehnten Seemacht gekommen waren, bereits imstande
waren, dem Vordringen Asien's gegen Europa auch zur See
Halt zu gebieten. Allerdings darf man auch nicht vergessen,
daß dem berühmten Siege des Themistokles bei Salamis
über des Xerxes Riesenflotte, 480 vor Chr. Geb., eine tausendjährige Entwicklungsperiode griechischer Schiffahrt vorangeht.

Es sei nochmals betont, daß dieser Entwicklungsgang,
dessen Ursprung sich im sagenhaften Dunkel der Vorzeit
verliert, und aus welchem im Vorhergehenden einzelne
Phasen flüchtig skizziert worden sind, an zahlreichen Orten
ganz selbständig begonnen hat und in parallelen Bahnen
nebeneinander dahinzieht, durch nichts Anderes verknüpft
als durch den Genius des Hellenenthums. An der Ausbildung griechischen Seewesens erscheinen hauptsächlich betheiligt: die Inseln Kreta, Rhodos, Cypern, Samos,
Paros; die kleinasiatischen Städte Phocäa — (die schon
im 7. Jahrh. v. Chr. Colonien in Hispanien und Gallien,
darunter Massilia, gründete), — Phaselis, Milet,

Ephesus, Smyrna: auf dem griechischen Festlande:
Athen, Korinth, und die hart an der Küste gelegene
Insel Ägina; endlich die in Süditalien und auf Sicilien
befindlichen griechischen Colonien Tarentum, Sybaris,
Messana, Syracus. Namentlich aber waren es Athen
und Korinth, diese beiden Brennpunkte hellenischer Cultur,
die sich um das Seewesen verdient machten, während das
aristokratische Sparta, dessen Gesetze den freien Bürgern
Handel und Gewerbe verboten, mit ziemlicher Geringschätzung
auf das Seewesen herabblickte, und selbst dem Seekriege
keinen Geschmack abzugewinnen vermochte; so tapfer die
Spartaner auch zu Lande waren, so wenig eigneten sie sich
zu Seeleuten, und ihre hiebei gemachten unliebsamen Erfahrungen ließen sie dem ihnen abholden Elemente schließlich
ganz entsagen. Diese eine Ausnahme abgerechnet, erwiesen
sich alle Griechen als tüchtige Seesoldaten und Matrosen,
und ganz besonders als vorzügliche Schiffbauer; in letzterer
Kunst zeigten sie sich selbst den Phöniziern entschieden überlegen. Indem die Griechen, den obberührten Umständen
entsprechend, ihr Hauptaugenmerk auf die kriegerische Ausgestaltung des Seewesens richteten, suchten sie ihre Schiffe
derart zu construieren, daß diese bei aller nöthigen Festigkeit möglichst leicht, schnellfahrend und gut lenkbar seien; in
diesem Bestreben schufen sie den Grundtypus des eigentlichen
Kriegsschiffes, wie er sich, unter verschiedenen Namen
zwar, im wesentlichen aber unverändert, über zwei Jahrtausende, bis in das späte Mittelalter christlicher Zeitrechnung hinein erhalten hat. Der Name dieses Typus,

Galeere, gehört einer viel späteren Zeit an, die Erfindung desselben aber den alten Griechen, etwa 700 Jahre vor der christlichen Zeitrechnung.

Die ersten Grundzüge des Galeerentypus finden sich bereits in den leichten Jagdschiffen, mit welchen die Bewohner der Stadt Phaselis in Cilicien seit ältesten Zeiten auf Seeraub auszogen. Diese Schiffe, nach ihrem Ursprunge Phaseli (φάσηλ:) genannt, waren lang und schmal, und hatten eine Ruderbank mit bis zu 50 Ruderern besetzt, daher sie sehr schnell fuhren und leicht beweglich waren. Diese Schiffe fanden, zu Kriegszwecken, auch anderwärts Nachahmung, und besonders zu Korinth vervollkommnende Ausgestaltung. Da nämlich die Korinther infolge ihres kaufmännischen Unternehmungsgeistes und der glücklichen Lage ihrer Stadt unter allen Griechen den lebhaftesten Seehandel trieben und allerzeit reichbeladene Flotten unterwegs hatten, fühlten sie auch zuerst das Bedürfnis nach einem ausreichenden Schutze derselben, und ließen daher ihre kostbaren Handelsfahrzeuge durch wohlausgerüstete Kriegsschiffe begleiten. Um den letzteren noch größere Schnelligkeit zu verleihen, ersetzten sie die bisher übliche eine Ruderbank durch deren mehrere, und durch diese Neuerung, die etwa in das Jahr 700 v. Chr. fällt, war der specifische Galeerentypus gegeben. Nunmehr wurden die Kriegsschiffe nach der Anzahl der Ruderbänke classificiert und benannt; man unterschied Zwei-, Drei-, Vier-, Fünfruderer &c. Diese korinthische Einrichtung fand alsbald bei allen Griechen Eingang, und wurde somit zu einer nationalen; am häufigsten

wendete man drei oder fünf Ruderbänke an, und nannte
die Schiffe danach Trieren, τριήρεις, und Penteren,
πεντήρεις; namentlich ist es die griechische Triere, die das
kaum veränderte Modell zur späteren römischen Trireme
und mittelalterlichen Galeere abgab. Der all diesen
Schiffstypen gemeinsame hauptsächlichste Motor ist das
Ruder; sie führen zwar auch Maste und Segel, doch nur
zur Unterstützung der ersteren; der Gebrauch der Segel
allein wird der langsameren schwerfälligeren Handelsschiffahrt
überlassen. Und hiemit vollzieht sich eine wichtige Classification der Schiffahrt überhaupt, indem nunmehr das Ruder-
schiff zum Kriegsschiff, das Segelschiff hingegen zum
Kauffahrer wird; diese Theilung liegt in der Natur der
Sache; das Handelsschiff, das weite Fahrten macht und
sich daher für lange Zeit verproviantieren muß, überdies
mit dem Raume zur Aufnahme der Fracht geizt, kann keine
so zahlreiche Mannschaft an Bord nehmen, als zur Bedienung
der Ruder erforderlich ist, und sieht sich daher in erster
Linie auf den Wind angewiesen; das Kriegsschiff hingegen,
das meist keine langen Reisen zu machen hat und dessen
erstes Erfordernis Präcision und Schnelligkeit ist, muß sich
von Wind und Wetter unabhängig machen und die Willkürlich-
keit seiner Bewegung durch mechanische Kraft wahren. Hieraus
erhellt, daß in Bezug auf nautische Technik jener Zeit das
Ruder den Vorrang vor dem Segel behauptet, und daher
auch der gesammten Navigation den charakteristischen Stempel
aufbrückt; und mit der Schaffung der griechischen Trieren
tritt demnach die erste historische Periode der

technischen Nautik, die Epoche der Ruderschiff-
fahrt, klar und bestimmt in die Erscheinung.

Die mit dem bahnbrechenden Vorgehen Korinth's
beginnende Blütezeit griechischen Seewesens erreicht ihren
Culminationspunkt durch Athen. Letzterem Staate, durch
seine hohe Cultur zum geistigen Mittelpunkte und zum ton-
angebenden Führer des gesammten Griechenthums geworden,
gelingt es, die disparaten Elemente desselben in der Stunde
der höchsten Gefahr zu einer nationalen That von der größten
welthistorischen Bedeutung zu vereinigen. Wie bereits mehrfach erwähnt, hatte sich in der ersten Hälfte des 6. Jahrhunderts v. Chr. Geb. in Asien eine Großmacht gebildet,
die mit überraschender Expansion gegen den Westen vordrang:
das Reich der Perser. Von kriegerischen Königen geführt,
hatten die Perser binnen kurzer Zeit Kleinasien, das babylo-
nische Reich, Syrien und Ägypten erobert, und somit das
östliche Ende des Mittelmeeres umklammert; an der Wende
des 6. und 5. Jahrhunderts begannen sie bereits nach
Europa herüberzugreifen und setzten sich im Norden Griechenlands, an der untern Donau, fest. Die in zahlreiche Republiken
und Tyrannien zersplitterten Griechen erscheinen den persischen
Eroberungen gegenüber zuerst in einer schwankenden Rolle,
als unverläßliche Bundesgenossen, die particularistische
Zwecke verfolgen, und je nach den augenblicklichen Erfolgen
der Perser ihnen bald helfen, bald Ungelegenheiten bereiten;
bis die Perser, dieses Zustandes müde geworden, die gewaltsame
Unterjochung des gesammten Griechenland beschließen. Diese
Gefahr ließ nun auch in den Griechen Europa's das nationale

Bewußtsein aufleben, und mannhaft wehrten sie sich gegen
die zahllosen Scharen der Asiaten, die nun ihr Land über-
schwemmten; aber trotz Marathon und Thermopylä hätten
sie doch endlich der ungeheuren Übermacht erliegen müssen,
hätte nicht der kluge, in das Gewand eines Orakelspruches
gehüllte Rath des Atheners Themistokles, das Heil des
Vaterlandes hinter „hölzernen Mauern" zu suchen, die
Entscheidung des Kampfes auf das Meer hinübergespielt.
Was konnten die hölzernen Mauern wohl anderes bedeuten
als die Schiffe, in deren Bau und Führung die seegewandten
Griechen Meister waren? Athen gieng mit gutem Beispiele
voran; unter Themistokles' Leitung wurden die Buchten des
Piräus zum befestigten Kriegshafen eingerichtet und mit
großartigen Schiffswerften und Arsenalen ausgerüstet; eine
systematische jährliche Vermehrung der athenischen Kriegsflotte wurde gesetzlich festgesetzt, der vierte Stand der Bürgerschaft Athen's, die Thetes, wurde zum Flottendienst verpflichtet
und in Sold genommen; die Kosten des Baues, der Ausrüstung und der Besoldung der Flotte wurden auf sämmtliche
Staatsangehörige vertheilt, die reichen Erträge der Silber-
bergwerke von Laurion ausschließlich diesem Zwecke gewidmet;
und indem die übrigen Staaten, selbst das unseemännische
Sparta, diesem Beispiele folgten, schufen die Griechen sich
in dem kurzen Zeitraume zwischen 490—480 eine so tüchtige
und mächtige Flotte, daß sie nicht nur in den Seeschlachten
von Salamis, 480, und Mykale, 479, die überlegenen
persischen Flotten glänzend schlagen, sondern sogar einen
offensiven Seekrieg beginnen, und nach 30jähriger Dauer

siegreich beenden konnten. Sie entrissen während desselben
den Persern die Insel Cypern und die kleinasiatischen Küsten,
benahmen ihnen hiemit die besten Stützpunkte ihrer Seemacht
und veranlaßten sie hieburch, allen weiteren Eroberungs-
versuchen in Europa definitiv zu entsagen; nicht minder
bereiteten sie hiemit den großen Umschwung vor, der in nicht
ferner Zeit den gewaltigen Vorstoß Europa's gegen Asien
bringen sollte. Die Seeschlacht von Salamis, durch welche
Griechenland vor der drohenden Vernichtung gerettet und
Europa's Führerrolle in der Weltgeschichte für alle Zukunft
sichergestellt wurde, ist das erste historische Beispiel der
Entscheidung der Erbengeschicke durch eine Flottenaction;
zugleich ein glänzender Beweis, wie maßgebend das Seewesen
im allgemeinen und das des Mittelmeeres im besonderen
in den Entwicklungsgang der gesammten Menschheit eingreift.
Was wäre aus Europa, was aus der ganzen irdischen Welt
geworden, wenn aus dem Kampfe der Schiffe nicht der
belebende hellenische Geist, sondern asiatische Despotie, persische Satrapenwirtschaft, der Fanatismus und die Indolenz
der Orientalen siegreich hervorgegangen wäre?

Die Schlacht von Salamis zeigt das griechische Seewesen, unter der Hegemonie Athen's, auf dem Höhepunkte
seiner Blüte. Mag auch die Angabe Herodot's, der die
Flotte des Xerxes aus 1207 „großen" Kriegsschiffen, 3000
Lastschiffen und 220 Schiffen der Bundesgenossen mit einer
Besatzung von 541.000 Mann bestehen läßt, stark über-
trieben sein, so ist doch ihre große numerische Überlegenheit
gegenüber der griechischen zweifellos; die letztere zählte 380

Trieren, einschließlich der kleineren Fahrzeuge. Immerhin auch eine imposante Macht; denn auf die Größe der griechischen Schiffe läßt der Umstand schließen, daß sie bis zu 400 Ruderer hatten. Aber den Sieg verdankten sie nicht ihrer Größe, sondern ihrer leichten Manövrierfähigkeit, infolge welcher sie die schwerfälligen phönizischen Schiffe, die den Kern der persischen Flotte bildeten, mit Erfolg rammen konnten, selbst aber deren Choc auszuweichen vermochten. So kam es, daß die Griechen in dieser gewaltigen Action nicht mehr als 40 Schiffe verloren; allerdings kam ihnen zustatten, daß der im engen Hafen angegriffene Feind seine Übermacht nicht zu entfalten vermochte; auch mögen die Jonier lieber vorzeitig die Flucht ergriffen, als gegen ihre Stammesgenossen ernstlich gekämpft haben. Jedenfalls aber erwies sich sowohl die Technik des Schiffbaues als die Taktik der Griechen dem Gegner weit überlegen.

Mit dem Seewesen der Griechen in dieser Blütezeit hat sich die Archäologie viel und mit Erfolg beschäftigt; die einschlägigen Arbeiten von Heyne, Berghaus, Junke, Böckh, Graser u. a. geben ein klares und anschauliches Bild desselben; namentlich wird durch diese Forschungen die Form der Kriegsschiffe festgestellt. Der Schiffskörper oder Rumpf des griechischen Schiffes nähert sich hinsichtlich der Construction und des äußeren Ansehens bereits dem der neueren Zeit; er besteht aus einem scharfen Kiel mit Vorder- und Hintersteven; im Kiel erscheinen die Spanten eingelassen, die mit einer inneren und äußeren Haut (Balken- und Bretterverkleidung) zum Schiffskörper verbunden sind.

Über dem Kiel, durch eine starke Ballenlage abgeschlossen, befindet sich der zur Aufnahme des Ballastes bestimmte K i e l r a u m, und über dem letzteren der eigentliche S c h i f f s - r a u m, bei den größeren Schiffen in mehrere D e c k e getheilt; an der Innenseite der Schiffswände befinden sich beiderseits die R u d e r b ä n k e, und zwar übereinander, und so viele, als das Fahrzeug Decke hat; hieraus erhellt, daß die griechischen Kriegsschiffe sehr hochbordig waren und bedeutend größere Dimensionen gehabt haben müssen, als die mittelalterlichen Galeeren, was übrigens auch schon aus den stärkeren Besatzungen der ersteren hervorgeht. Der Ruder wegen befinden sich in den Seitenwänden zahlreiche L u k e n; zuweilen sind die Seitenwände sogar durch einen von einem Ende des Schiffes bis zum andern fortlaufenden Spalt durchbrochen, und wird dann das obere Deck nur durch die Spanten und mittelschiffs angebrachte Stützpfeiler getragen. Am Vordersteven war die R a m m e, ἔμβολον, angebracht, ein starker, wagrecht vorstehender und mit metallener Spitze versehener Balken, nahe an der Wasserlinie; die Ramme, die zuweilen verdoppelt oder verdreifacht wurde und dann beiderseits des Kieles angebracht war, trug vielfache Verzierungen und figuralischen Schmuck, sowie das Abzeichen des Schiffes. Am Vorderschiff befanden sich auch beiderseits Vorrichtungen zum Auffangen und Abschwächen des feindlichen Rammstoßes, die sog. ἐπωτίδες, aus vorspringenden starken Rahmen mit Bohlenverkleidung gebildet. Das Hintertheil des Schiffes hatte eine abgerundete Gestalt und war höher, indem hier der Befehlshaber und der Steuermann in

einem gedeckten Aufbaue ihren Platz hatten. Das Baumateriale
war, mit Ausnahme der Nägel, Klammern und Beschläge,
durchaus Holz, und zwar vorwiegend Tannenholz; doch
wurden auch Pappeln und Erlen, dagegen harte Holzarten
nicht verwendet; um das Holz gegen die Einflüsse des See-
wassers widerstandsfähiger zu machen, wurden die Schiffe
mit einem Gemisch von Wachs und Harz überzogen. Die
Schiffe führten auch Maste und Takelung, jedoch nur zu
nebensächlichem, gelegentlichem Gebrauche; die Maste, die
nieder waren und nur je ein Segel führten, waren daher
auch nicht in den Kiel eingelassen, sondern nur am Deck
befestigt und konnten umgelegt werden. Nur die Handelsschiffe, die ausschließlich zum Segeln eingerichtet waren,
hatten stabile Maste. Auch im Bau der Handelsschiffe
erwiesen sich die Griechen praktischer und rationeller als die
Phönizier; diese letzteren, nur auf Vergrößerung des Lade-
raumes bedacht, hatten ihre Kauffahrer, wie bereits erwähnt,
als „runde Schiffe" gebaut, d. h. ihnen eine ovale Gestalt
gegeben, wodurch diese ziemlich plump und ungelenk wurden;
die Griechen hingegen gaben auch ihren Kauffahrern eine
längere und schmälere Form, verloren hiedurch zwar an
Tragfähigkeit, gewannen aber bedeutend an Schnelligkeit und
Lenksamkeit; desgleichen versahen sie ihre Handelsschiffe mit
einer ganz eigenthümlichen Takelung, die eine Art von
Segelmanöver gestattete. Die Schiffe führten nämlich nur
einen Mast, im Vordertheile; daneben aber mitschiffs
beiderseits, auf einem weit über das Deck ausladenden
Balken, je eine verticale Segelstange. Hieraus resultierte

gewissermaßen eine Art Dreimaſtlakelung in Triangel-
ſtellung; die Segel der beiden ſeitlichen verticalen Stangen
oder Hilfsmaſte waren durch ein Syſtem von Seilen mit
dem Steuerruder verbunden, und wurden demnach vom
Steuermann gleichzeitig und übereinſtimmend mit dem Steuer
regiert. Man erkennt in dieſer Anordnung ein zwar unvoll-
kommenes, aber immerhin geiſtvoll combinirtes Mittel zur
Ermöglichung des Segelmanövers (einer Kunſt, die ſpäter
wieder in Vergeſſenheit gerieth und, wenigſtens im Mittelmeere, erſt im ſpäten Mittelalter und in ſelbſtändiger Weiſe
wieder in Aufnahme kam). Sowohl den Kriegs- als Handels-
ſchiffen gemeinſam war der Gebrauch der A n k e r und, anſtatt
der dem Alterthume unbekannten Pumpen, einer in den unterſten
Schiffsraum hinabreichenden, mit Schläuchen oder Eimern
beſetzten W i n d e, um im Falle des Leckwerdens das ein-
dringende Waſſer entfernen zu können. — Aus allem dem
erhellt, daß die Schiffahrt der Griechen auf einer nicht nur
relativ, ſondern auch abſolut ziemlich hohen Stufe der Zweck-
mäßigkeit ſtand, und weitaus vollkommener erſcheint, als
diejenige des frühen Mittelalters. Und nicht nur auf die
nautiſche Technik, ſondern auf alle Zweige des Seeweſens
erſtreckte ſich die Aufmerkſamkeit dieſes hochbegabten Volkes;
auf die Errichtung von Leuchtfeuern, auf die Codificierung
des Seerechtes (die von der Inſel Rhodus ausgieng), auf die
kaufmänniſche See-Aſſecuranz (die in Athen ſchon vor den
Perſerkriegen üblich war), und auf viele andere zweckmäßige
Einrichtungen dieſer Art.

    Das ſchließliche Aufgehen Griechenlands in dem Welt-

reiche der Macedoner und das Auseinanderfallen des
letzteren in die durch die Diadochen begründeten hellenistischen Monarchien bezeichnet nicht nur keinen Verfall
des griechischen Seewesens, sondern im Gegentheile dessen
höchsten Aufschwung. Die ungeheueren Eroberungen Alexander's des Großen in Asien und Afrika verschafften dem
Hellenenthum sowohl eine ungeahnte räumliche Ausbreitung
bis in den äußersten Osten und Süden der damals bekannten
Welt, als eine unendliche Erweiterung des geistigen Horizontes, und beides kam der Schiffahrt im höchsten Maße
zustatten. Durch die Unterwerfung des persischen Reiches,
die Vernichtung der letzten Reste phönizischen Glanzes, und
die Gründung der rasch aufblühenden Stadt Alexandria,
machte sich Alexander zum alleinigen Herrn der östlichen
Hälfte des Mittelmeeres; und durch seine bis in das ferne
Indien ausgedehnten Züge eröffnete er dem Welthandel
neue Wege, deren Ausbeutung durch lange Zeit fast ausschließlich dem Hellenenthume zufiel. Die große Flottenexpedition Alexander's, von Nearchos geführt, lehrte die
Griechen die märchenhaften Schätze Indiens kennen und
begehren; sie erweiterte mit einem Schlage die geographischen,
physikalischen und meteorologischen Kenntnisse, enthüllte den
Lauf des Indus, die Mündung des Euphrat und Tigris,
machte mit dem Indischen Ocean, dem arabischen Meere,
dem persischen Meerbusen bekannt; sie lehrte den (im Mittelmeere nur wenig bemerklichen) Wechsel der oceanischen Ebbe
und Flut, den regelmäßigen Wechsel der Winde — Mou-
sune — die periodischen Regenzeiten ꝛc. kennen, und ermunterte

hieburch bie Schiffahrt ungemein. Noch zu Lebzeiten Ale-
ranbers befuhren bie Griechen ben Inbischen Ocean bereits
mit 2000 Hanbelsschiffen unb 80 zu beren Schutz aus-
gerüsteten Trieren, unb mit solcher Sicherheit unb Schnelligkeit, baß sie ben Weg von ber malabarischen Küste bis in
bas rothe Meer in 40 Tagen burchschnittlich zurücklegten;
bas Canalsystem bes Nil, in Verbinbung mit ben Seen
Mocris unb Mareotis, unb ber neu angelegte Stapelplatz
Alexanbria vermittelten bann ben Übergang ber inblschen
Waren in bas Mittelmeer, woburch Alexanbria in kürzester
Zeit zu hoher Bebeutung unb fast wunberbarem Aufschwung kam.

Nach bem frühen Tobe Alexanber's bes Großen, 323,
folgte eine vollbewegte Zeit, bie unter bem Namen ber
„Zeit ber Diabochenkämpfe" bekannt ist. Es hanbelt sich um
bie Nachfolge in bem ungeheuren nnb aus ben heterogensten
Elementen zusammengesetzten Reiche bes Gewaltigen, in ber
Blüte ber Jugenb hinweggerafften Eroberers; unb es waren
kaum minber gewaltige, geniale Kriegshelben, bie sich bessen
Erbe streitig machten: Antigonus unb sein Sohn, ber Stäbte-
zerstörer Demetrius, Antipater unb sein Sohn, ber furchtbare Cassanber, Perbikkas, Ptolemäus, Seleucus, Lysimachus!
Naturgemäß mußte bas Reich selbst, bem ohnehin jeber
innere Zusammenhang fehlte, hierüber in Trümmer gehen;
aber aus ben Trümmern erhoben sich, in frischer Kraft,
neue Reiche nach nationaler Abgrenzung, in welchen aber
nicht bas nationale Element zum herrschenben wurbe, sonbern bas
geistig überlegene griechische. Der Schauplatz ber Diabochen-

kämpfe war fast ausschließlich das Mittelmeer, und somit
trugen sie wesentlich dazu bei, die Technik des Seekriegswesens noch weiter zu entwickeln und auf jenen Culminationspunkt zu erheben, den es im Bereiche der sog. hellenistischen
Monarchien erreichte.

Mehreren der Feldherren Alexander's gelang es im Laufe
des mehr als zwanzigjährigen Kampfes Aller gegen Alle,
(der erst mit der Schlacht bei Ipsos, 301, sein Ende
erreichte), den beanspruchten Königstitel zu behaupten und
auf ihre Nachkommen zu übertragen, somit also neue Dynastien
von hellenischem Charakter zu stiften, die sich zum Theil
mehrere Jahrhunderte erhielten. So entstanden aus dem
übergroßen Reiche Alexander's die für die Welt- und Culturgeschichte so überaus wichtigen h e l l e n i s t i s c h e n M o n a r-
c h i e n, (wichtig hauptsächlich auch deshalb, da ihr schließlicher Heimfall an das Römerreich die Weltherrschaft des
letzteren begründete). Anfänglich waren deren vier: M a c e-
d o n i e n mit G r i e c h e n l a n d unter Cassander's, T h r a c i e n
unter Lysimachus', S y r i e n unter Seleucus', und Ä g y p t e n
unter Ptolemäus' Herrschaft; bald aber traten wesentliche
Veränderungen ein; zuerst fiel die thracische Monarchie in
Trümmer, während von der syrischen sich die östlichen,
innerasiatischen Theile loslösten und eigene Staaten bildeten;
die macedonische Monarchie wurde von Thronstreitigkeiten
zwischen den Nachkommen des Cassander und dem mächtigen
Hause des Antigonus zerrüttet, und verlor hierüber wieder die
unmittelbare Herrschaft über Griechenland, das sich in
republikanische Staatenbunde auflöste, sowie über den west-

lichen Theil des Reiches, der sich als Königreich Epirus selbständig machte. Erst etwa 50 Jahre nach dem Tode Alexander's nimmt die Theilung seines Reiches eine definitive Gestalt an, und zeigt folgende Gruppierung, die sich wieder auf das Mittelmeer beschränkt:

a) Das Königreich Macedonien, unter den Nachkommen des Antigonus;

b) das Königreich Epirus, unter einheimischen Herrschern, die sich vom trojanischen Achilles ableiteten;

c) das Königreich Syrien (in allerdings sehr verkleinerter Ausdehnung), unter den Seleuciden, den Nachkommen des Seleucus;

d) das Königreich Ägypten, unter den Ptolemäern, den Nachkommen des Ptolemäus;

e) das Königreich Pergamum in Kleinasien, unter den Attaliden;

f) die vom groß-syrischen Reiche abgefallenen Königreiche in Kleinasien und am Schwarzen Meer (Bitthynien, Cappadocien oder Pontus, Groß- und Klein-Armenien).

Neben diesen Monarchien behauptete das eigentliche Griechenland durch einige Zeit seine republikanische Unabhängigkeit, in den „achäischen" und „aetolischen Bund" getheilt, mußte sich aber schließlich wieder Macedonien unterwerfen; auch einige der griechischen Inseln wurden wieder selbständig, so Kreta, das sich zu einem gefürchteten Seeräubernest auswuchs, und Rhodus, das zu hoher Blüte und Cultur gelangte. (Persien aber oder, wie es von da an hieß, Parthien, wo der hellenische Geist keine tieferen Spuren

zurücklassen konnte, kehrte wieder zu einheimischer Despotie
zurück).

Obwohl nicht zum Erbe Alexander's gehörig, muß
doch unter den blühenden griechischen Staaten der Epoche
auch Tarent in Süditalien und Syracus auf Sicilien
genannt werden.

Die Epoche, die zwischen dem Tode Alexander's des
Großen und dem Aufgehen sämmtlicher hellenistischer Staaten
im Römerreiche liegt, mithin die drei letzten Jahrhunderte
vor Beginn der christlichen Zeitrechnung, weist mithin wohl
eine weltgehende Zersplitterung des Griechenthums auf,
bezeichnet aber darum nicht minder den Höhepunkt von
dessen geistiger und cultureller Entwicklung. Wissenschaft
und Kunst, ebenso wie Gewerbefleiß und Handel finden
in den hochgebildeten und weltblickenden Dynasten der
Ptolemäer, Seleuciden und Attaliden eifrige und ver-
ständnißvolle Förderer; ihre Residenzen Alexandria, Antiochia
und Pergamum schmücken sich mit wunderbaren Prachtbauten,
mit Akademien, Museen und Bibliotheken, mit Kunstschätzen
jeder Art und füllen sich mit Fabriken; sie werden zu den
größten, prächtigsten, reichsten und berühmtesten Städten
ihrer Zeit; mit ihnen wetteifern an Luxus und Verfeinerung
der Sitten die Städte Groß-Griechenlands.

Unter diesen Umständen nimmt denn auch die Schifffahrt extensiv und intensiv ihren höchsten Aufschwung und
erreicht einen Grad von technischer Vollkommenheit, gegen
den die Nautik des Mittelalters als Rückschritt erscheinen
muß. Daß namentlich die Schiffbaukunst dieser Epoche

auch vor den schwierigsten und kolossalsten Aufgaben nicht
zurückschreckte und Fahrzenge herzustellen verstand, die hinsichtlich ihrer Größe und Tragfähigkeit mit den Riesenschiffen
der modernsten Gegenwart wetteifern, dafür finden sich
mehrere wohlbeglaubigte Beispiele. Zu diesen gehört das
Prachtschiff, welches der größte Techniker jener Zeit, der
berühmte Archimedes, etwa 250 vor Chr. Geb. für König
Hiero II. von Syracus baute; dasselbe erforderte soviel
Baumaterial, als zu sechzig Trieren nöthig gewesen wäre.
Es hatte drei „Stockwerke“, auf Deck neun Thürme, von
denen der mittelste und höchste eine Kolossalstatue trug und
drei Maste mit je zwei übereinander gestellten Raaen; es
enthielt Prachtsäle, Wohn-, Schlaf- und Speisezimmer,
Gärten und Bäder, Küchen und Ställe, Mühlen, Backöfen
und Vorrathskammern, Wasserleitungen und Heizvorrichtungen,
Aufzugsmaschinen zur Entleerung des Unrathes und der
Abfälle 2c.; eigene Kajüten für den Befehlshaber und
den Steuermann; riesige Räumlichkeiten für die Schiffs-
mannschaft und überhaupt alles, was dieser „schwimmenden
Stadt“ nöthig war. Rechnet man noch den Aufwand an
kostbarem Material, an Cedern-, Cypressen- und Buxbaum-
holz, an Elfenbein, Steinmosaiken 2c., sowie den überreichen
bildlichen und figuralischen Schmuck hinzu, den Hiero's
Schiff aufwies, so muß man zugeben, daß es an Luxus
und Bequemlichkeit selbst die heutzutage vielbewunderten
transatlantischen Dampfer des „Norddeutschen Lloyd“
übertraf. Nebenbei sei hier erwähnt, daß der Erbauer
dieses Schiffes, Archimedes, für die Schiffahrt auch als

Erfinder der Pumpen äußerst wichtig ist. — Ein anderes
Beispiel bietet das Riesenschiff, welches ein Freund und
demnach Zeitgenosse des Hiero, König Ptolemäus II.
Philadelphus von Ägypten, erbauen ließ; es wird hier
erwähnt, weil sich bei den alten Historikern dessen genaue
Dimensionen angegeben finden; diese betragen, auf modernes
Maß umgerechnet: Länge 158 Meter, Breite 21, Höhe
vorne 26 und achter 29 Meter (das größte Schiff, das die
Welt je gesehen, der 1852—1859 von Brunell erbaute
„Great Eastern" hatte allerdings noch größere Dimensionen,
nämlich 207 Meter Länge und, mit den Radkästen, 36·6
Meter Breite, ist aber, eben wegen seiner übertriebenen
Dimensionen, für den praktischen Gebrauch unverwendbar
geblieben). Die Länge und Breite von Ptolemäus' Riesenschiff wird zwar von den neuesten Panzerkolossen der englischen Kriegsmarine nahezu erreicht, aber nicht übertroffen,
während deren Höhe gegen ersteres erheblich zurückbleibt;
für alles Übrige fehlt natürlich, bei den total verschiedenen
Verhältnissen, der richtige Maßstab der Vergleichung. Doch
sei noch erwähnt, daß das Schiff des Ptolemäus beiderseits
je 40 Ruderbänke und eine Besatzung von 4000 Ruderknechten, 3000 Seesoldaten und 400 Matrosen, zusammen
demnach von 7400 Mann hatte, mit vier Steuerrudern von
je 53 Meter Länge gesteuert wurde, ein doppeltes Vorder-
und Hintertheil besaß und mit sieben vorne, seitlich und
achter angebrachten „Schnäbeln" oder Rammen versehen
war. — Auch die nachfolgenden Ptolemäer wetteiferten in
Erbauung großer und prächtiger Schiffe, doch verlor sich

5*

schließlich dieser Wetteifer in der sinnlosen Entfaltung
orientalischen Prunkes und ermangelt daher des speciellen
nautischen Interesses; als Beispiel diene nur das berühmte
Schiff der letzten Königin von Ägypten, Kleopatra, das
durchaus vergoldet, dessen Ruder versilbert, dessen Segel
von Purpur waren und dessen „Bemannung" schöne
Sclavinnen bildeten.

Übrigens war die Herrschaft der Ptolemäer, abgesehen
von den letzterwähnten kindischen Spielereien, der Entwicklung des Seewesens außerordentlich günstig; unter ihnen
wurden die Ägypter, das heißt der nun in Ägypten maßgebende macedonisch-griechische Stamm, zum wichtigsten seefahrenden Volk, und Alexandria zur ersten Handelsstadt der
Welt; und unter ihnen erreichte die Schiffahrt des Alterthums seinen Glanz- und Höhepunkt. Das Hauptaugenmerk
der Ptolemäer, deren Herrschaft sich auch über die Nordküsten Afrika's, die Staaten Cyrene und Barka, und über die
Insel Cypern erstreckte, war und blieb auf die Erleichterung,
Beförderung und Ausdehnung der Schiffahrt gerichtet, und
indem es ihnen gleichzeitig gelang, durch liberalste Unterstützung der Gelehrsamkeit, der Wissenschaften und Künste
ihre Residenz zum Mittelpunkte der Cultur und Weltbildung
zu machen, hatte es durch einige Zeit den Anschein, als ob
Alexandria der Schwerpunkt der civilisierten Welt werden
sollte, in welchem ihre gesammten materiellen und geistigen
Interessen zusammenströmten. Aber schon hatte gleichzeitig
im Westen des Mittelmeeres das gewaltige Ringen zwischen
Rom und Karthago begonnen, dessen schließlicher Ausgang

dem römischen Wesen auch über das griechische das Übergewicht sicherte und die gesammte Weltordnung auf eine
neue Basis stellen sollte. So lange indes dieses Ringen
noch mit schwankendem Erfolge währte, genoß der Hellenismus seinen politischen und culturellen Spätsommer, und
zwar mit besonderer Intensität im Ägypten der Ptolemäer.
Wie bereits öfter hervorgehoben, sind die Thaten der letzteren speciell auf dem Gebiete des Seewesens von hoher
Bedeutung; es wurde der Hafen von Alexandria in großartiger und mustergültiger Weise erweitert und verbessert
und, auf der Insel Pharus, mit einem Leuchtthurme versehen, den die antike Welt zu einem ihrer „sieben Wunder
der Welt" rechnete (er wurde 280 v. Chr. beendet, hatte
eine Höhe von 130 Metern, und sandte sein Licht auf
50—60 Kilometer Entfernung); es wurden die neuen Häfen
Berenice und Myos Hormos im Rothen Meere angelegt,
die den gesammten indischen Handel in sich aufnahmen; es
wurde das alte Project des Ramses und Neko, die Canal-
verbindung zwischen dem Rothen und Mittelländischen Meere,
wieder aufgenommen und, durch Vermittlung des Nils,
glücklich durchgeführt (unter Ptolemäus II. Philadelphus,
284—246), ein Bau, dessen Großartigkeit durch den baldigen Verfall desselben nicht alteriert wird und der sich
ebenbürtig an die Seite des von Lesseps erbauten, 1869
vollendeten Suezcanales stellt; es wurde, zum Schutze des
Handels, in beiden Meeren eine gewaltige Kriegsflotte unter-
halten, zu welcher auch das vorher erwähnte Riesenschiff
gehörte, und welche, außer letzterem, Fahrzeuge von 30 und

20 Ruderbänken zählte; es wurden wissenschaftliche Unter-
suchungen über die Natur des Meeres und seiner Küsten
angestellt; und mit Einem Worte alles gethan, was nur
das Interesse des rationellen Schifffahrtsbetriebes erheischte.
— Beiläufig sei erwähnt, daß in derselben Epoche auch auf
der unabhängigen Insel Rhodus jener berühmte Leuchtthurm,
der „Koloß von Rhodus", errichtet wurde, der gleichfalls
unter die sieben Weltwunder zählt; er bleut als sprechendes
Beispiel dafür, wie die schönheitsliebenden Hellenen auch
das für den praktischen Gebrauch Bestimmte künstlerisch aus-
zugestalten pflegten; er war nämlich in Gestalt einer Kolossalstatue errichtet, eines ehernen Jünglings von 70 Ellen
Höhe, der in der erhobenen Rechten das Leuchtfeuer trug.
Leider wurde das Wunderwerk, das die Riesensumme von
300 Talenten gekostet hatte, nach nur 56jährigem Bestand
durch das furchtbare Erdbeben vom Jahre 222 vor Christi
Geburt umgestürzt; doch bildeten dessen zu Boden liegende
Trümmer noch fast ein Jahrtausend hindurch die Bewun-
derung der Nachwelt.

Wie die östliche Hälfte des Mittelmeeres von den
Griechen, so wurde dessen westliche Hälfte und darüber
hinaus die atlantische Küste Europa's und Afrika's von den
Karthagern beherrscht. Schon früh war, wie bereits
gesagt, die altphönizische Colonie Karthago von der Mutterstadt Tyrus unabhängig geworden, und hatte sich im Laufe
der Zeit zu einer Welt- und Seemacht ersten Ranges entwickelt. Es sandte seine zahllosen Handelsflotten, wie gleichfalls bereits gesagt, nach Gallien und Britannien, in die

Nord- und Ostsee, an die Goldküsten Afrika's; es hatte
zur Zeit seiner größten Blüte, die eben in die Ära Alexander's des Großen und der Diadochen fällt, ein höchst
ausgedehntes Staatsgebiet, das den Norden und Westen
Afrika's, fast ganz Spanien, den westlichen Theil Sicilien's,
die Inseln Sardinien und Corsica umfaßte, und außerdem
Handelsniederlassungen in Gallien, Lusitanien, Britannien 2c.
Bei der Ausdehnung ihrer Seeherrschaft und ihrer Handelswege ist es über jeden Zweifel erhaben, daß das Seewesen
der Karthager auf einer hohen Stufe technischer Vollendung
stand; doch ist bei dem Umstande, daß die gesammte Cultur
und Literatur der Karthager mit dem Untergange von Stadt
und Reich beinahe spurlos zugrunde gieng, wenig Aus-
führliches über dasselbe auf die Nachwelt gekommen. Es ist
zu bedauern, daß namentlich über Art und Form ihrer
Handelsschiffe und deren wahrscheinlich hochentwickelte Takelung und Segelführung nichts Gewisses bekannt ist; mehr
weiß man über ihre Kriegsschiffe, da dieselben als Modelle
für die römischen dienten; (nach dem Muster einer, im Jahre
260 v. Chr. an der sicilischen Küste gestrandeten kartha-
gischen Pentere erbaute C. Duilius die erste große römische
Flotte); dieselben waren im wesentlichen den griechischen
gleich, und wie diese von Rudern bewegt. Das eigentliche Schlachtschiff der Karthager war der Fünfruderer,
Pentere, mit 300 Ruderknechten und Matrosen, und 120
Seesoldaten bemannt. In der Seeschlacht am Vorgebirge
Ecnomus (256 v. Chr.) fochten nicht weniger als 350 karthagische Schiffe von diesem Typ, demnach 147,000 Mann,

nur auf einer Seite! Zwei so gewaltige, gleichzeitig auf-
strebende Mächte, wie Karthago und Rom, konnten auf verhältnismäßig so engem Raume, wie das scharfbegrenzte Gebiet
des Mittelmeeres ihn bildet, nicht friedlich nebeneinander
bestehen; ein Kampf auf Leben und Tod mußte zwischen
ihnen entbrennen, sobald die beiderseits expandirenden Inter-
essensphären sich zu berühren und zu schneiden begannen,
was zuerst auf der für beide Theile gleich wichtigen Insel
Sicilien der Fall war. Hundert und achtzehn Jahre währte
das Ringen der beiden feindlichen Gewalten, von 264—146
v. Chr., und zwang die dem Seewesen eigentlich ziemlich
abholden Römer zu maritimer Machtentfaltung; dafür
legte auch ihr schließlicher Sieg den Grund zu ihrer Weltherrschaft; der Untergang Karthago's riß mittelbar auch
das Griechenthum zu Boden, in rascher Folge fielen sowohl
Griechenland selbst als die hellenistischen Monarchien dem
Römerreiche anheim, und ein Jahrhundert später war das
ganze Mittelmeer ein römischer Binnensee. .

So sehr aber auch nunmehr, für ein halbes Jahrtausend, die Begriffe Römerreich und Mittelmeerbecken
identisch wurden, bedeutet doch für Seewesen und Schiffahrt
das Römerthum nur eine Periode des Stillstandes, die einer
Periode entschiedenen Verfalles vorangeht. Dem Charakter des
römischen Volkes war das Seewesen ebensowenig sympathisch
wie den Ägyptern, wenn auch aus ganz anderen Gründen;
es wurde daher, trotz der peninsularen Gestalt Italien's,
nie recht zu einer nationalen Institution, und konnte demnach
auch keine innere intensive Weiterentwicklung erfahren.

Der Vollblut-Römer gieng nicht gerne zur See und
gar die Handelsschiffahrt überließ er fast ausschließlich den
Provinzialen, den östlichen und großgriechischen Süditalienern,
den Sicilianern, den Griechen, den Syrern, den macedonischen
Ägyptern 2c.; als Seesoldat war er allerdings ebenso tüchtig
und tapfer als zu Lande, aber auch hiebei zeigte er eine
Eigenthümlichkeit, die bewies, wie wenig heimisch er sich auf
dem Elemente fühlte, nämlich das Bestreben, das Seegefecht
in eine Art Landgefecht mit der blanken Waffe zu ver-
wandeln. Aus diesem Streben gieng eine eigene, den Römern
charakteristische Seetaktik hervor, die sie bereits in den
punischen Kriegen mit gutem Erfolge anwendeten. Der erste
und zugleich größte Seeheld der Römer, G. Duilius, erfand
nämlich die „Enterbrücke", corvus; breite Balkengerüste,
die mit eisernen Haken sich an Bord des feindlichen Fahrzeuges klammerten, stellten zwischen diesem und dem eigenen
Schiffe eine Brücke, eine ebene und feste Grundlage her, auf
welcher die römischen Soldaten sich ihrer Nationalwaffe, des
kurzen breiten Schwertes, ebenso bedienen konnten wie auf
dem Festlande. Mittelst dieser Enterbrücken erfocht Duilius
einen glänzenden Sieg über die überlegene karthagische Flotte,
bei Mylä, 260 v. Chr., und bald nach ihm A. Regulus,
in der vorher erwähnten Seeschlacht am Vorgebirge Ecnomus.
In obiger Erfindung liegt aber auch die einzige wesentliche
Abänderung, die das Seewesen durch die Römer erfuhr;
im übrigen behielten sie die gleichen Schiffstypen und die
gleichen Einrichtungen bei, wie sie dieselben, allerdings bereits
in hochentwickelter Gestalt, von Karthagern und Griechen

überkommen hatten; nur die Namen und Bezeichnungen
wurden nationalisiert, und so entstanden aus den Trieren die
„Triremen", aus den Penteren die „Culnqueremen", ꝛc.
Das geringe Geschick, das die Römer als Seeleute bewiesen,
führte zu wiederholten Katastrophen; die Zerstörung der
römischen Flotte durch einen Sturm beim Vorgebirge
Palinurus, 250 v. Chr., bewog sogar den römischen Senat,
die Kriegsflotte förmlich abzuschaffen, und nur der Patriotis-
mus von Privaten brachte eine neue solche zustande, um
den Seekrieg gegen Karthago fortzusetzen. In den späteren
Zeiten der Republik und in der Kaiserzeit allerdings hielt
Rom wieder regelmäßige große Kriegsflotten; das Bedürfnis
nach den letztern, namentlich zum Schutze des Seehandels,
machte sich gebieterisch geltend durch das maßlose Überhand-
nehmen der Piraterie, die von Illyriern, Kretensern und
Ciliciern auf das ungescheuteste betrieben wurde, seitdem
der Untergang Karthagos und der allmählige Verfall der
hellenistischen Monarchien die Handhabung der Seepolizei
im Mittelmeere zu einer äußerst laxen gemacht hatten.
Wohl oder übel mußten sich denn die Römer dieser Aufgabe unterziehen, denn selbst die Verproviantierung Italien's,
das sein Getreide vorwiegend aus Ägypten und Sicilien
bezog, erschien durch die Seeräuber gefährdet, die z. B. zu
Ende des 1. Jahrhunderts v. Chr. Geb. mit über tausend
Schiffen sämmtliche Küsten des Mittelmeeres brandschatzten,
bis sie endlich von Pompejus gezüchtigt und für einige
Zeit unschädlich gemacht wurden. Selbstverständlich bedingten
aber auch das gewaltige Vordringen Rom's im Orient und

seine zahlreichen Kriege gegen Syrien, Armenien, Pontus, Ägypten ꝛc. den Besitz einer gewaltigen Kriegsflotte; so verfügte z. B. Pompejus über eine Flotte von 500 großen und unzähligen kleineren Kriegsschiffen, wiewohl auch diese ungeheuere Macht ihm die angestrebte Herrschaft der Welt nicht sichern konnte und er im Bürgerkriege gegen seinen großen Widersacher Cäsar unterlag. Unter letzterem erfuhr die römische Seemacht ihre größte Entfaltung, und griff auch über das Mittelmeer hinaus, indem Cäsar im nördlichen Gallien eine Flotte bauen ließ und mit derselben nach Britannien übersetzte, letzteres als Provinz dem römischen Reiche einverleibend. Und in den nach dem Tode Cäsar's ausgebrochenen Wirren entschieden die Flotten das Schicksal der Welt, indem in der berühmten Seeschlacht von Actium, 31 v. Chr. Geb., Octavianus Augustus seinen Nebenbuhler M. Antonius besiegte und, hiedurch zum alleinigen Herrn geworden, das römische Reich zum Kaiserthume machen konnte. Die von Augustus ausgehende Schaffung der Kaiserwürde, die Umformung des gewaltigen Staatswesens in eine despotisch regierte Monarchie, ist eine der bedeutsamsten Erscheinungen der Weltgeschichte, und erhält noch erhöhte Bedeutung durch die Gleichzeitigkeit des Zusammentreffens mit der eine neue Ära des Geisteslebens eröffnenden Geburt Jesu Christi, die unter der Regierung des Augustus erfolgte.

Obgleich die Entstehung und Ausbreitung des Christenthums außer jedem Zusammenhange mit dem Seewesen steht, führt doch bei Erwähnung des ersteren eine naheliegende Ideen-Association auf einen äußerst interessanten

Bericht über die Seereise des heil. Apostels Paulus von Syrien nach Italien, der in der Heiligen Schrift (Neues Testament, Apostelgeschichte, Cap. 27) enthalten ist und in lebendigster und anschaulichster Weise wertvolle Streiflichter auf die nautische Technik der Zeit wirft. Paulus, der im Herbste 60 nach Chr. Geb. vom römischen Landpfleger Festus als Staatsgefangener nach Rom an den Kaiser gesendet wurde, um sich nach eigenem Wunsche vor letzterem zu verantworten, erzählt ausführlich, wie er, nebst anderen Gefangenen, einem römischen Hauptmanne, Julius, über- geben wurde, der den Auftrag hatte, den Transport auf dem Seewege nach Rom zu geleiten, und den Verlauf der ganzen Reise. Da dem Julius kein Staatsschiff zur Ver- fügung gestellt wurde, mußte er sich zufälliger Gelegenheiten bedienen; doch beweist eben dieser Umstand, wie dicht und regelmäßig jener Zeit die Personenbeförderung zur See erfolgte. Die Einschiffung erfolgte zu Cäsarea in Palästina, wo die Gesellschaft ein adrumetinisches Schiff bestieg, das, nach Berührung von Sidon, nach Lystra in Lycien (Klein- asien) fuhr; hier fand Julius ein alexandrinisches Segel- schiff vor, das eben zur Fahrt nach Italien klar machte, und fuhr sofort mit diesem weiter. Der Cours gieng, an der Insel Knidos vorbei, zuerst nach der Insel Kreta, wo der vorgerückten Jahreszeit wegen und da die Herbststürme schon begonnen hatten, überwintert werden sollte; es wurde zu diesem Zwecke der Hafen von Thalassa aufgesucht, doch erschien dieser dem Schiffscapitän und Steuermann nicht sicher genug, daher wurde, entgegen der Warnung des

Paulus (der als bereits berühmter Mann und wichtiger Staatsgefangener an Bord hohen Ansehens genoß), weiter gefahren, um einen besseren kretensischen Winterhafen auf- zusuchen. Ein plötzlich ausbrechender Sturm trieb aber das Schiff westwärts ab, bis es, nach 14tägigem Kampfe mit den Elementen, endlich an der Küste der Insel Malta scheiterte, wobei aber die ganze, aus 276 Köpfen bestehende Besatzung sich rettete. Die von Paulus gegebene Beschreibung dieses Kampfes und der hiebei angewendeten Manöver ist auch vom technischen Gesichtspunkte aus von höchstem Interesse; doch kann hier nicht näher darauf eingegangen werden und sei nur noch in Kürze erwähnt, daß der von Julius geführte Transport, nach dreimonatlichem Aufenthalte in Malta, sich wieder auf einem alexandrinischen Schiffe einschiffte, das daselbst überwintert hatte und den Namen „Die Dioskuren" führte und, nachdem Syracus und Rhegium angelaufen worden war, wohlbehalten in Puteoli landete. Man sieht, daß von den drei Schiffen, die Paulus zur Reise von Syrien nach Italien benützte, zwei aus Alexandrien und eines aus Adrumetum (Provinz Byzacium in Afrika) waren, ein neuer Beweis für die vorhin auf- gestellte Behauptung, daß die Römer das Seewesen und den Seehandel fast ganz ihren Provinzialen überließen.

Im allgemeinen hat das Seewesen den Römern keine Fortschritte zu verdanken, immerhin aber versuchten die ersten Kaiser einiges zu dessen Hebung; so ließ Claudius den Hafen Rom's, Ostia an der Tibermündung, verbessern, Nero begann die, übrigens unvollendet gebliebene, Durchstechung

des Isthmus von Korinth ꝛc.; viel mehr aber als auf solche
nützliche Anlagen wurde auf grandios aussehende, im Grunde
aber nutzlose, selbst wahnwitzige Spielereien verwendet; man
denke an die Naumachien in der Arena, an Caligula's
Brücke über das Meer zwischen Puteoli und Misenum, und
Ähnliches. Es darf auch keineswegs übersehen werden, daß
das Römerreich zur Zeit seiner größten Ausdehnung und
höchsten Machtentfaltung keinen Feind mehr zur See zu
bekämpfen hatte, mithin auch eines wirksamsten Anspornes
zur Vervollkommnung, nämlich der Nöthigung hiezu, ent-
behrte; und als, bei beginnendem Verfalle, die äußeren
Gefahren für den Umfang und Bestand des Reiches
drohend ihr Haupt erhoben, da geschah dies durchaus von
der Festlandgrenze im Norden und Osten aus, und zog
den Blick der Staatslenker und der Völker neuerdings vom
Meere ab. Aus dem Zusammenwirken dieser Umstände
erklärt es sich, daß das Römerthum das Seewesen nicht
günstig beeinflussen konnte, und für letzteres eher einen
Rückschritt als einen Fortschritt bezeichnete; gegenüber der
griechischen Blütezeit macht sich sogar der Rückschritt entschieden geltend, indem Schiffbautechnik und namentlich die
Takelung der Schiffe zu primitiveren Formen zurückkehren,
und die von den Griechen so erfolgverheißend angebahnte
Kunst des Segelmanövers allmählig wieder in Vergessenheit
geräth. Die Griechen selbst hatten zwar berzeit ihre nationale
Existenz noch nicht eingebüßt; allein die geistige Schwungkraft
des hochbegabten Volkes hatte unter dem politischen Drucke
der Römer und unter mehrfach wiederholter Mißwirtschaft

despotischer Cäsaren eine Art von Lähmung erfahren. Der
griechische Volksgeist hatte bereits jene Umwandlung in die
dem Äußerlichen, Kleinlichen, in die dem schematisch Classi-
ficierenden und Reproducierenden zugewendete Richtung
begonnen, die in der Folge als Byzantinismus eine
typische Erscheinung bildete, und die dem Fortschritte auf
geistigem, künstlerischem und technischem Gebiete abhold war.
Mithin konnte auch das Seewesen vom alternden Hellenenthum keinen neuen Aufschwung mehr erwarten.

Bei alledem ist es aber doch gerade der Byzantinismus, der, unter dem zwingenden Einflusse der Noth
und der Selbstvertheidigung, in die technische Seite des
Seewesens wieder einiges Leben bringt, und somit in der
maritimen Geschichte des Mittelmeeres eine neue Epoche
bezeichnet; allerdings, wie gesagt, nicht aus sich selbst heraus
und nicht als Function innerer Lebenskraft, sondern in auf-
gezwungenem Kampfe gegen gleichzeitig neu auftauchende
feindliche Elemente. Das römische Weltreich war am Ende
des 4. Jahrhunderts, erschüttert von dem gewaltigen Anprall
der Völkerwanderungswogen und unter der morschen Wucht
seiner eigenen Schwere, in zwei Theile zerfallen; und während
der westliche Theil nach einem weiteren kurzen Jahrhundert
dem erneuten Ansturme germanischer Völker erlag und
endgiltig in Trümmer gieng, erhielt sich die östliche Hälfte,
die ursprünglich die sämmtlichen Küstenländer des östlichen
Mittelmeerbeckens umfaßte, als oströmisches, später
als griechisches oder byzantinisches Kaiserreich,
über ein volles Jahrtausend, allerdings unaufhaltsam

abbröckelnd und zusammenschrumpfend, und schließlich nur
mehr auf ein ganz ohnmächtiges Minimum reduciert. Im
allgemeinen genommen, gehört die tausendjährige Geschichte
des byzantinischen Reiches zu den unerquicklichsten, ja ent-
muthigendsten Seiten des großen Buches der Menschheits-
geschichte; man vermißt in derselben jeden großen nationalen
oder ethischen Zug, und ermüdet in dem verwirrenden,
düsteren Gewebe von Verblendung und Leidenschaft, klein-
lichem Formelkram, moralischer Verderbtheit und himmel-
schreiender Verbrechen, die sie füllen; für die maritime
Geschichte ist sie aber, mindestens anfänglich, nicht ohne
Bedeutung, indem sie die erstarrenden Formen antiken Seewesens in deren mittelalterliche Entwicklung hinüberleitet.
Auch erkennt man in dem byzantinischen Kaiserreiche einen
Staat, der infolge seiner geographischen Lage und der
Position seiner Hauptstadt in erster Linie auf das Meer
angewiesen ist und daher, wiewohl vergeblich, nach der Seeherrschaft strebt; desgleichen erwachsen ihm seine gefährlichsten
äußeren Feinde von der Seeseite her, und hat es sich derselben
hinter den schwimmenden „hölzernen Mauern" zu erwehren.
Diese Feinde erwachsen den Byzantinern zuerst von Westen
her, dann aber, nachdem erstere in hartem Kampfe unschädlich
gemacht worden sind, in noch gefährlicherer Weise von Osten.
Die ersteren repräsentieren ein neues, durch die Stürme der
Völkerwanderung an das Mittelmeer verschlagenes und
daselbst überraschend expandierendes, aber ebenso überraschend
wieder verschwindendes Element: die Vandalen; die
letzteren hingegen ein altes, erbgesessenes, das sich nur spät

ein bisher vernachlässigtes Feld der Thätigkeit wählt: die
Araber. Beide haben sich Byzanz, das allein noch die
Macht des verblassenden römischen Namens trägt, als
Eroberungsziel gesteckt; aber beiden widersteht die neue
Weltstadt am Bosporus.

Eine Zeitlang hatte es den Anschein, als sollten in
der That die Vandalen die herrschende Seemacht des Mittelmeeres werden. Dieses kriegerische germanische Volk, ursprünglich an den Ufern der Ostsee heimisch und daher schon in
seinem alten Stammsitze mit dem Meere vertraut, war durch
den Drang der Völkerwanderung bis Spanien geschoben
worden; von dort wurde es vom römischen Statthalter von
Afrika, Bonifacius, zur Förderung von dessen ehrgeizigen,
auf Unabhängigkeit gerichteten Absichten nach Afrika berufen.
Im Jahre 429 setzte der vandalische Heerführer Genserich
mit 50,000 Streitern auf römischen Schiffen über die
Meerenge von Gibraltar und landete auf afrikanischem
Boden; und bald mußte Bonifacius mit Schrecken sehen,
daß er sich keinen Bundesgenossen, sondern einen gefährlichen
Rivalen auf den Hals geladen. Genserich gedachte seine
Eroberungen auf eigene Faust zu machen, setzte sich in kurzer
Zeit in den Besitz der ganzen römischen Provinz, vertrieb
den Bonifacius und gründete 439 das vandalische Königreich in Afrika mit der Hauptstadt Karthago. Genserich
ließ es sich angelegen sein, vor allem eine furchtbare Flotte
zu schaffen; sowie er sich auch „König der Erde und der
Meere" nannte. Die Umstände waren ihm hiebei günstig;
eine große Anzahl römischer Schiffe war ihm bei Eroberung

der Provinz, und der Stadt Karthago, in die Hände gefallen;
die damals noch dichtbewaldeten Küsten Afrika's lieferten das
beste Schiffsbauholz in Menge; an seinen Vandalen sowohl
als an den unterworfenen neuen Unterthanen fand er
tüchtige und geschickte Seeleute, denn noch war die seemännische Tradition der alten Karthager an diesen Küsten
nicht erloschen. Dieselben Umstände bewirkten aber auch,
daß das rasch aufblühende Seewesen der Vandalen
keinen nationalen, keinen germanischen Charakter annahm,
sondern den karthagisch-römischen Typus beibehielt; wie
denn überhaupt die harten und rauhen Vandalen unter dem
entnervenden Einflusse des afrikanischen Klimas und römischen
Wohllebens bald ihre Nationalität einbüßten und, in der
Mehrzahl der Unterjochten aufgehend, zu einem weichlichen
Mischvolke wurden. Allerdings noch nicht unter König
Genserich; dieser ward ein Schrecken des Mittelmeeres,
landete im Jahre 455 in Italien, plünderte Rom durch
14 Tage, eroberte dann Sicilien, Sardinien, Corsica und
die Balearischen Inseln, und dehnte seine Raubzüge bis
Illyrien, Griechenland, Ägypten und Kleinasien aus. Zwar
vereinigten sich nun die beiden Kaiser des west- und ost-
römischen Reiches, Anthemius und Leo I., zu gemeinsamer
Abwehr und sandten 468 eine ungeheuere Flotte von über
1000 Kriegsschiffen nach Afrika gegen die Vandalen; jedoch
Genserich wußte die Unfähigkeit ihres Führers, des Byzan-
tiners Basiliscus, geschickt zu benutzen, hielt diesen längere
Zeit durch Unterhandlungen hin, lockte ihn dann in den
Hafen von Karthago und vernichtete dort seine Flotte durch

Brander; und Genserich blieb fortan unbestrittener Herr
des Meeres. So rasch aber auch die von Genserich geschaffene
vandalische Seemacht aufgeblüht war, ebenso rasch verfiel
sie auch wieder nach dessen Tode, 477, unter seinen Nachfolgern, infolge der Verweichlichung des Volkes, während
gleichzeitig in Italien ein anderes germanisches Volk, das
der Gothen, zu vorübergehender Herrschaft gelangte. Im
Gegensatze zu den Vandalen fühlten sich die Gothen, obwohl
ihnen auch die vom verfallenden Vandalenreiche sich los-
reißenden Inseln Sicilien und Sardinien zufielen, nicht zum
Meere hingezogen, und versäumten es, sich eine Seemacht
zu schaffen, ein politischer Fehler, der sich bald an ihnen
bitter rächte.

Im Jahre 527 bestieg ein genialer Parvenu, ein
illyrischer Bauer, den byzantinischen Kaiserthron als
Justinian I., der beinahe 40 Jahre lang glänzend regierte,
und der das seltene Herrschergeschick bewies, auf jeden
Posten den richtigen Mann zu stellen. Justinian faßte den
großen Plan, die Macht und den Umfang des Römischen
Reiches vor dessen Theilung wiederherzustellen; den ersten
Schritt zur Verwirklichung des Planes sollte die Vernichtung
des Vandalenreiches bilden, und im Jahre 533 ertheilte er
seinem berühmten Feldherrn Belisar den Auftrag hiezu.
Die rasche und glückliche Durchführung dieses Auftrages
seitens Belisar's bezeichnet den Beginn einer neuen Epoche
des mittelländischen Seewesens, die man die b y z a n t i n i s c h e
nennen kann; denn in Belisar's Flottenexpedition gegen Karthago treten plötzlich ganz neue Principien in die Erscheinung.

Sein Zug unterscheidet sich wesentlich von dem obermähnten des Basiliscus; es ist nicht mehr die Rede von einer großen Anzahl ungeheuerer und schwerfälliger Schlachtschiffe, sondern relative Kleinheit, Leichtigkeit und Beweglichkeit derselben treten an die Stelle des früheren Systems. Die von dem Byzantiner Archelaos ausgerüstete und von dem Alexandriner Kalonymos befehligte Flotte Belisar's bestand nämlich aus nur 92 leichten Kriegsschiffen von einem ganz neuen, nun zuerst auftauchenden Typ, aus Dromonen. Die Dromonen (δρόμονες = Schnelläufer) unterschieden sich in der Bauart wesentlich von den Trieren und Penteren; sie entbehrten der Masten und Takelung vollständig und wurden nur durch Riemen bewegt, deren jeder nur durch einen einzigen Mann bedient wurde; an jeder Seite befanden sich 25 Riemen auf, und ebensoviele unter dem Decke, so daß 100 Ruderknechte für ein Fahrzeug genügten; außerdem hatten die Dromonen eine Besatzung von je 100 Seesoldaten. Zum Transport der Landungstruppen und deren zahlreicher Reiterei waren 500 große tiefgehende Segelschiffe ausgerüstet worden, die mit je 40 Matrosen bemannt, aber nicht armiert waren und daher nicht zum Seegefechte taugten. Die dreimonatliche Fahrt dieser Flotte von Byzanz nach Karthago, von dem auf ihr befindlichen berühmten Geschichtsschreiber Prokopios von Cäsarea ausführlich beschrieben, bietet großes Interesse; hiebei geschieht auch zum erstenmale eines vollständig ausgebildeten Signalsystems Erwähnung, mittelst welchen die Bewegungen der ganzen Flotte bei Tag und Nacht vom Admiralschiffe aus geleitet wurden, bei Tag durch färbige

Segel (wohl Flaggen?), bei Nacht durch hellobernde
Fackeln. Mit kluger Vorsicht vermied Belisar ein Gefecht
mit der überlegenen vandalischen Flotte, die er täuschte,
landete glücklich seine Truppen, und nahm Karthago von
der Land- und Seeseite gleichzeitig ein. Der vandalische
König Gelimer wurde in mehreren Landschlachten besiegt
und schließlich gefangen, und hiemit die rasche Eroberung
Afrikas besiegelt.

Nach der glücklichen Beendigung des Vandalenkrieges
griff Justinian die Gothenherrschaft in Italien an; mit
dieser konnte er allerdings nicht so leicht fertig werden wie
mit dem degenerierten Vandalenthum, denn die Gothen waren
noch ein kerngesundes, tapferes, kriegsgewohntes Volk; allein
sie hatten nicht beachtet, dass ein vom Meere umgebenes
Land wie Italien sich nur vom Meere aus dauernd behaupten
lässt, sie hatten keine Seemacht geschaffen. Daher erlag auch
schließlich, nach 20jährigem, hartem Kampfe (535—555),
ihr Heldenmuth und die kriegerische Tüchtigkeit ihrer Könige
Vitiges, Totila und Teja, den Feldherren Justinian's, Belisar
und Narses, die aus dem Meere immer neue Kraft schöpfen
konnten. Die Byzantiner unterwarfen ganz Italien, und als
sie darauf auch noch die mittelländischen Küsten Spanien's
eroberten, schien Justinian's Vorhaben, das Römerreich in
seinem alten Glanze wiederherzustellen, seiner Verwirklichung
nahe. Jedenfalls hatte sich der Ring der byzantinischen Herrschaft wieder um das ganze Mittelmeerbecken geschlossen (mit
einziger Ausnahme der gallischen Küsten), und war Byzanz
nunmehr die erste, besser gesagt, die einzige Seemacht des-

selben; doch sollte es dies nicht lange bleiben, sondern nach
der an äußerem Glanze reichen Epoche Justinian's I. einem
höchst langwierigen, nur durch seltene Lichtblicke unterbro-
chenen Zersetzungsprocesse anheimfallen.

Bevor noch das zweite der vorhin erwähnten, im
Mittelmeere neu auftretenden Elemente seinen Kampf mit
Byzanz aufnahm, entstand in aller Stille und unbemerkt
der erste Keim zu einem in seiner Art ganz einzigen politischen Gemeinwesen, das in der Folge der mächtigste und
gefährlichste Gegner von Byzanz werden sollte. Als nämlich
noch in der Mitte des 5. Jahrhunderts der Hunnensturm
über Mittel-Europa dahingebraust war, war demselben auch
die große und blühende, am Nordende des adriatischen Meeres
gelegene Seehandelsstadt Aquileja zum Opfer gefallen und
von Attila gänzlich zerstört worden; diejenigen der Einwohner, die dem Untergange entronnen waren, flüchteten vor
den Reiterscharen der Überwinder auf die Inseln und Lagunen
vor der Brenta-Mündung und legten dort den Grund zu
einer nach Art der vorhistorischen Pfahlbauten direct aus
dem Wasser herauswachsenden Stadt, die zwar lange unbeachtet und unbedeutend blieb, sich aber am Ende des 7. Jahrhunderts als Venezia zu einem geordneten Staatswesen auf
aristokratisch-republikanischer Grundlage constituierte, von da
an einen überraschenden Aufschwung nahm und in späterer
Folge sich zu einer Großmacht ersten Ranges auswuchs.

Vorerst kostete es aber den Byzantinern Mühe genug,
sich der Araber zu erwehren. Dieses uralte und hoch-
interessante, höchst eigenartige Volk war bisher in merk-

würdiger Isolierung geblieben; es hatte ebeusowenig selbst-
thätig in die Weltgeschicke eingegriffen, als sich von außenher
in dieselben hineinzerren lassen; nie war es fremden Eroberern
zur Beute gefallen, und selbst die Oberhoheit der Römer
war eigentlich nur eine nominelle geblieben. Trotz der peninsularen, von drei Meeren eingeschlossenen Lage Arabien's
waren dessen Bewohner vorwiegend selbstgenügsame Nomaden
geblieben, die das ungebundene Hirtenleben und die wilde
Poesie der Wüste dem beschränkenden Städtewesen, dem
bürgerlichen Gewerbe und der Schiffahrt vorzogen. So
waren denn die Araber mit der Außenwelt wenig in Bezie-
hung getreten. Seit dem Auftreten ihres großen Propheten
Mohammed aber (geb. 571, gest. 632,) war mit dem Volke
eine plötzliche Wandlung vorgegangen; der durch die Lehre
Mohammed's erweckte religiöse Fanatismus, die vermeint-
liche Pflicht, diese neue Lehre der gesammten Menschheit
gewaltsam aufzubringen, verlieh den Arabern eine erstaun-
liche, impulsive Expansionskraft. Und da diese Expansion,
eben infolge der peninsularen Lage Arabien's, nach drei
Seiten hin unterbunden war, mußte sie sich nothwendigerweise nach der vierten Seite hin entwickeln, die mit dem
Lande festländisch zusammenhieng, also gegen das Mittelmeerbecken hin. Einmal in Schwung gerathen, ließ sich nun die
Expansion auch durch das Meer nicht mehr aufhalten; und
was die Araber nicht auf den Meeren gewesen, die ihre
heimischen Küsten bespülten, das wurden sie nun mit einem
Schlage auf dem ihnen fremden Mittelmeere, nämlich Seefahrer. Nicht um Handel zu treiben, sondern um Eroberungne

zu machen, begaben sie sich auf das neue Element, das sie
bei der ihnen angeborenen hohen Begabung bald zu beherrschen
lernten, und die rasche Eroberung Syrien's, Phönizien's und
Ägypten's setzte sie sowohl in den Besitz guter Küsten und
Häfen, als in die Herrschaft über seegewohnte Unterthanen.
Der erste Araber, der selbst Schiffe baute, war der Stifter
der omajadischen Dynastie, Khalif Moawija I. (661—675),
der, seine Residenz nach Damascus verlegend, in kurzer Zeit
eine Flotte von 700 Kriegsbarken schuf, mit derselben die
byzantinische Flotte an der Küste von Cilicien schlug und
zerstreute, und die Inseln Cypern und Rhodus eroberte.
Noch bedeutender waren die Eroberungen von Moawija's
Feldherren Okba, Musa und Tarik, die zwar zu Lande
erfolgten, aber ihm den Besitz der gesammten afrikanischen Nordküste und den Spanien's verschafften, so daß die arabische
Herrschaft das Mittelmeerbecken von Osten, Süden und
Westen zu umklammern begann. In diesem Besitzstande
erfolgte das rasche Aufblühen der arabischen Seemacht ebenso
naturgemäß, als der unvermeidliche Seekampf mit der byzantinischen Macht, die sich wie mit einem Schlage nur mehr
auf die nordöstlichen Küsten beschränkt fand. Hier aber konnte
sich die letztere behaupten, umsomehr, als das Khalifat selbst,
nicht lange nach seinem wundergleichen Entstehen, sich in
einzelne Theile zersplitterte und somit die ursprüngliche Übermacht einbüßte; Byzanz vermochte dadurch dem weiteren
Vordringen der Araber in Europa Schranken zu setzen und
seine oft bedrohte Hauptstadt zu wahren.

Für die weitere Entwicklung des Seewesens war der

lange Seekrieg zwischen Byzantinern und Arabern von Bedeutung, und üben namentlich die letzteren auf die Schiffahrt
großen Einfluß aus. Um die des Seewesens ungewohnten
Araber für dasselbe und namentlich für den Seekrieg zu
begeistern, wurde demselben in der Sunna (den schriftlich
aufgezeichneten „Heiligen Überlieferungen") ein besonderes
religiöses Verdienst zugeschrieben. „Wer zur See nur den
Kopf umdreht, hat so viel Verdienst, als wer zu Lande sich
in seinem Blute wälzt;" und: „eine glückliche Seeschlacht
ist gleich zehn Siegen zu Lande," heißt es darinnen. Übrigens
erwachte in den Arabern, mit dem Besitze ausgedehnter
Küsten, allmählig auch der Handelstrieb, und sie wurden zu
kühnen und geschickten Kauffahrern, die sich vorzugsweise
leichtgebauter Segler bedienten. Besonders aber in mittel-
barer Weise machten sich die Araber um die Schiffahrt
verdient, indem sie mit Vorliebe sich mit Mathematik,
Astronomie und Geographie beschäftigten, und diese theoretischen Disciplinen praktisch auf die Nautik anwandten; auch
ist von ausnehmender Wichtigkeit, daß bei ihnen zuerst der
Gebrauch des (übrigens nicht von ihnen erfundenen) Compasses vorkommt. Wahrscheinlich halten die Araber den
Compaß auf dem Überlandwege von den Chinesen überkommen, denen er schon im 2. Jahrhundert nach Christi
bekannt war, wenngleich von demselben kein praktischer
Gebrauch gemacht wurde; die Wichtigkeit der Nordweisung
der Magnetnadel für praktische Zwecke erkannt, und sie zur
Orientierung auf der unbegrenzten Wasserfläche benützt zu
haben, ist ein Verdienst arabischer Intelligenz; und noch

beburfte es langer Zeit, bis die Verbefferungen, die der
Schiffer Gioja aus Amalfi am Compaffe vornahm (1302),
biefen zum unentbehrlichen Gemeingute aller Seefahrer
machte.

Die Araber bieten ein befonders bekräftigendes Beifpiel
ber im Verlaufe biefer Zeilen wieberholt aufgeftellten Thefe,
baß sich ein frifcher fchnelbiger Geift ber Völker bemächtigt
und sie umwanbelt, fobalb sie bie Luft bes Mittelmeeres zu
athmen beginnen. In ihrer alten Heimat von brei Meeren ein-
gefchloffen, bem Rothen, bem Inbifchen und bem Perfifchen
Meere, wiffen sie burch Jahrtaufenbe bamit nichts anzufangen;
kaum aber an ben Ufern bes Mittelmeeres erfchienen, werben
sie plötzlich zu Seefahrern. In ihrer alten Heimat nur
einer träumerifchen Naturpoefie, einem ruhelofen Wanber-
leben und unfruchtbaren Stammesfehben hingegeben, erwacht
in ihnen, kaum am Mittelmeere anfäffig geworben, eine
hohe praktifche Intelligenz und ein intenfives wiffenfchaft-
liches Leben. Und in einer Zeit, ba bas chriftliche Europa
immer mehr in rauher Uncultur zu verfinken beginnt, werben
bie aufblühenben arabifchen Staaten zu Stätten intenfiven
geiftigen Lebens, wiffenfchaftlicher Forfchung, materiellen
Gebeihens und regen Gewerbfleißes.

Aus ber Epoche ber byzantinifch-arabifchen Seekriege,
ober bem Kampfe um Byzanz, ift befonders eines neuen
Kampfmittels zu gebenken, bas zum erftenmale im Jahre
678 auftritt, als genannte Stabt von einer arabifchen Flotte
blockiert und hart bebrängt wurbe; eines Kampfmittels, bas
in vorahnenber Weife an bie Sprengtechnik ber mobernften

Gegenwart, an Dynamit und Torpedos erinnert, nämlich des sog. „Griechischen Feuers". Dieses von Kallinikos aus Heliopolis um das Jahr 670 erfundene geheimnisvolle Präparat war ein Brandstoff, der sich unter heftiger Explosion mit Knall und Rauchentwicklung entzündete und dann unlöschbar, angeblich selbst unter Wasser fortbrannte; es wurde demnach dazu verwendet, feindliche Schiffe in Brand zu setzen, auf die es entweder, auf Pfeile und Wurfspieße gebunden, geschleudert, oder in schwimmenden Gefäßen getrieben wurde (mithin der förmliche Torpedo)! Auch diente das Griechische Feuer dazu, um aus eisernen Röhren steinerne Kugeln zu schleudern, war somit auch ein Vorläufer des Schießpulvers; doch ist das Geheimnis seiner Zusammensetzung, von den Byzantinern eifersüchtig gehütet, nie gelüftet worden, wenngleich sehr wahrscheinlich die Ingredienzen des Schießpulvers, Salpeter, Schwefel und Kohle, nebstdem Pech, Harz und Naphtha seine Basis bildeten. Durch die den Arabern unerklärlichen Wirkungen des Griechischen Feuers wurde in den Reihen ihrer Flotte panischer Schrecken erregt und ein großer Theil derselben vernichtet; die Araber selbst konnten das Geheimnis nicht entdecken. Auf diese Weise konnte sich das bedrängte Byzanz ihrer erwehren, sowohl im Jahre 678, als bei einer Wiederholung der Belagerung im Jahre 718; selbst in offener Seeschlacht sicherte das Griechische Feuer durch einige Zeit den Byzantinern das Übergewicht, und Kaiser Constantin Kopronymos konnte 747 einen großen Seesieg über die Araber bei Cypern erfechten. Später aber wendete sich das Glück wieder den letzteren zu, die 825 die

Insel Kreta und 827 einen Theil von Sicilien eroberten.
(Das Griechische Feuer kam allmählig mehr und mehr außer
Gebrauch — seine Gefährlichkeit mochte wohl den Inhabern
des Geheimnisses selbst imponieren — und gerieth schließ-
lich, nach einem kurzen Wiederaufleben in der Zeit der
Kreuzzüge, infolge der Erfindung des Schießpulvers ganz in
Vergessenheit.) —

Ein neues, die Schiffahrt des Mittelmeeres beein-
flussendes Element tritt im Laufe des 9. Jahrhunderts in
die Erscheinung, nämlich das erste Auftreten der Normannen daselbst. Diese verwegenen, abenteuerlustigen
Gesellen bieten zugleich das erste Beispiel, daß ein fremdes
Volk die Küsten des Mittelmeeres nicht zu Lande, sondern
aus fernen Meeren zu Schiffe kommend erreichte. Auf
ihren „Meerdrachen“ und „schaumhalsigen Wellenrossen“,
wie sie ihre Schiffe poetisch benannten, und unter der
Führung von „Seekönigen“ aus ihrer rauhen skandinavischen
Heimat ausschwärmend, hatten die nordischen Wikinger erst
das nördliche und westliche Europa plündernd heimgesucht,
waren auf den Strömen Deutschlands, der Niederlande,
Englands und Frankreichs verheerend bis tief in das
Innere dieser Länder vorgedrungen, und hatten ihre Seefahrten selbst bis Island und Grönland erstreckt. Erst
nur auf Raub und Beute bedacht, hatten sie dann später
in England und Frankreich feste Herrschaften begründet,
und richteten nunmehr ihre Blicke begehrlich nach dem
südlichen Europa; um das Jahr 851 durchschifften sie zum
erstenmale die Meerenge von Gibraltar, besetzten die

afrikanischen Mittelmeerküsten und die Balearischen Inseln
und suchten selbst die italienischen und griechischen Küsten
mit ihren Raubzügen heim; und 859 setzten sie sich an den
Mündungen des Rhône fest. Erstaunlich ist die Kühnheit
und Geschicklichkeit, mit welcher die Normannen sich ihrer,
zu so weiten Expeditionen höchst ungenügend erscheinender
Schiffe zu bedienen wussten; diese Wikingerschiffe waren so
klein, dass zu einem Zuge stets ihrer mehrere Hundert ausgerüstet werden mussten. Sie dienten gleicherweise zur
Befahrung der Oceane, wie der in die letzteren mündenden
Flüsse, welche die Normannen weit hinauf stromaufwärts
zu befahren pflegten; daher waren die Schiffe flach gebaut
und so leicht, dass sie im Bedarfsfalle auch über Land
getragen werden konnten. Sie waren sowohl zum Rudern
als zum Segeln eingerichtet, führten aber nur einen Mast
und ein einziges Segel; ihr Bord war hoch, am Bug
befand sich das geschnitzte Bild eines Fabelthieres, am
Hintertheil ein thurmartiger Aufbau, aus welchem Pfeile
und Steine auf die Feinde geschleudert werden konnten;
was aber das Besonderste an ihnen war, ist, dass sie nie
ein Verdeck hatten, sondern stets offen waren; demnach
blieben die kühnen Piraten, die oft ihr ganzes Leben an
Bord zubrachten, Tag und Nacht stets unter freiem Himmel,
allen Unbilden des Wetters ausgesetzt und ist es schwer zu
begreifen, auf welche Weise sie Proviant, Trinkwasser, Ausrüstungsgegenstände ꝛc., ja auch die gemachte Beute unter-
zubringen und vor dem Verderben zu bewahren vermochten;
allerdings war bei der Kleinheit der Fahrzeuge die Besatzung

gering, höchstens 60 Köpfe (das in jüngster Zeit im sog.
Königshügel bei Sandefjord in Norwegen aufgefundene
Wikingerschiff gibt genaue Kenntnis von diesen interessanten
Fahrzeugen; es ist 25 Meter lang, vollständig ausgerüstet,
mit Mast, Segel, Rudern und Seitenbooten versehen und
enthielt überdies das Grab eines Seekönigs).

Doch nicht die normannischen Piraten wurden für
die Geschichte der Mittelmeerländer bedeutsam, sondern diejenigen Normannen, die sich im Norden Frankreichs festgesetzt und rasch christianisiert hatten. Unter diesen entwickelte
sich nämlich am frühesten das typisch-mittelalterliche Ritterthum, besonders nach dessen glänzender, bestechender und
poetischer Seite hin; und diese lieferten das größte Con-
tingent zu der rasch anwachsenden Zahl jener frohgemuthen,
abenteuer- und eroberungslustigen fahrenden Helden, die,
ihrer Heimat mit leichtem Herzen auf Nimmerwiedersehen
den Rücken kehrend, glückjuchend in die weite Welt aus-
fuhren. Die Normandie war ihnen alsbald zu eng geworden,
und da ihnen Christianisierung und Civilisierung das vorige
wilde Piratenwesen untersagten, so stellten sie ihre Thatenlust
in den Dienst der Religion. Als bewaffnete Pilger begannen
sie in immer größerer Zahl nach dem heiligen Lande zu
wallfahrten; ihrem Beispiele ist es zum großen Theile zuzuschreiben, daß die europäische Kreuzungsbewegung in
Fluß kam und durch lange Zeit rege gehalten wurde. Die
ersten Pilgerfahrten der normännischen Ritter, die bereits
im Anfange des 11. Jahrhunderts begannen, führten auch,
und zwar noch vor den Kreuzzügen, zu einem anderen welt-

historischen Resultate, nämlich zur Gründung eines normännischen Reiches in Unteritalien, das trotz seines nur 150jährigen Bestehens von großer Bedeutung für die europäische Cultur wurde. Unteritalien bot im Beginn des 11. Jahrhunderts ein Bild weitgehendster Zerklüftung und war in eine große Menge kleiner Herrschaften zerfallen, die sich sowohl unter sich fortwährend befehdeten, als auch gegen die noch immer geltend gemachten Ansprüche der Griechen, nämlich des oströmischen Reiches und gegen die fortschreitenden Eroberungen der Araber zu wehren hatten. Die nach dem heiligen Lande wallfahrenden oder von dort zurückkehrenden normännischen Pilger, für die Unteritalien eine naturgemäße Station bildete, stellten sich bei ihrer Abenteuer- und Kampfluft den Fürsten von Capua, Neapel, Benevent, Salerno 2c. zu deren gegenseitigen Fehden und zu der Abwehr der schismatischen Griechen und der mohammedanischen Araber mit Vergnügen zur Verfügung und gelangten bald zu großem Einflusse, so daß viele im Lande blieben und bald auch durch directen Zuzug aus der Heimat verstärkt wurden. Im Jahre 1027 schenkte Herzog Sergius von Neapel den Normannen, zum Lohne ihrer tapferen Unterstützung in einer Fehde gegen den Fürsten Pandolfo von Capua, die Stadt Aversa nebst einem fruchtbaren Landstriche und hiemit entstand die erste normännische Grafschaft in Italien, unter Rainulf. Sie nahm einen raschen Aufschwung, besonders seit der Ankunft der tapferen Söhne Tancred's von Hauteville, unter denen sich Wilhelm, Robert und Roger besonders auszeichneten. 1038 verbanden sich die Normannen von

Aversa mit den Griechen zu einer Unternehmung gegen
Sicilien, um diese Insel den Arabern zu entreißen, hielten
sich aber, nach einem glücklichen Feldzuge, von den Griechen
bei der Beutetheilung für übervortheilt und warfen sich nun
aus Rache auf Apulien, den letzten Rest byzantinischer
Herrschaft in Italien, diese Provinz erobernd, 1040—1043,
und zu einem selbständigen normännischen Reiche machend.
Von nun an stand der normännischen Expansion kein ernstes
Hinderniß mehr im Wege; Robert von Hauteville, mit dem
Beinamen Guiscard, eroberte in der Folge das ganze Festland, während sein Bruder Roger Sicilien den Arabern
entriß; der Sohn und Nachfolger des letzteren, Roger II.,
vereinigte schließlich die gesammten normännischen Besitzungen
zu beiden Seiten der Meerenge von Messina zu einem
Reiche und ließ sich 1130 als König von Neapel und
Sicilien krönen.

Von Seite der Päpste, die im Aufblühen der Nor-
mannenmacht ein Gegengewicht gegen die ihnen zuweilen
unbequem werdende Macht der deutschen Kaiser erblickten,
wurde die erstere meist mit günstigen Augen angesehen; doch
führte dieser Umstand mehrfach zwiespältige Papstwahlen
herbei, so daß öfter die ganze Kirche in eine kaiserliche und
eine normännische Partei gespalten erschien. Die normännischen Herrscher bemühten sich auch ganz besonders,
als treue Söhne der Kirche zu erscheinen; doch hinderte sie
dies nicht daran, gegen ihre andersgläubigen Unterthanen,
namentlich die noch immer zahlreichen Araber in Sicilien,
weitgehende Toleranz zu üben; und da dieser Zeit, wie

bereits gesagt, die Araber zu den vorzüglichsten Trägern
der Cultur zählten, konnte dies nicht ohne Einfluß auf die
Entwicklung des gesammten intellectuellen Lebens Europa's
bleiben.

Bei der theils halb-, theils ganzinsularen Lage des
italienischen Normannenreiches mußte sich naturgemäß dessen
Machtentfaltung in erster Linie nach der maritimen Richtung
hin entwickeln, was um so rascher geschah, als die Normannen,
wie gesagt, schon von Haus aus die tüchtigsten Seeleute
waren. Die Wechselwirkung zwischen ihrer heimischen Eigenart und den von ihnen im Mittelmeere vorgefundenen,
technisch höher stehenden Formen des Seewesens mußte auf
Schiffbau und Schiffahrt von den günstigsten Folgen sein.
Selbstverständlich sahen sich die Normannen alsbald veranlaßt, von der höchst primitiven, eben beschriebenen Form
ihrer Fahrzeuge abzugehen, mit welchen sie ihre kühnen
Wikingerzüge unternommen hatten; dieselben erschienen,
sobald sie einem höheren Zwecke als dem Seeraube zu dienen
hatten, vollkommen ungenügend, und mußten durch ähnliche
Typen ersetzt werden, wie sie derzeit als Schlachtschiffe im
Mittelmeere üblich waren. Indem aber die Normannen diese
Typen — die Galeeren der Italiener und Dromonen
der Byzantiner — für ihren eigenen Gebrauch adoptierten,
beseelten sie dieselben durch den ihnen eigenthümlichen Geist
der Kühnheit und Beweglichkeit, und machten hiemit einen
weiteren Schritt vorwärts auf der Bahn, welche die
Byzantiner durch den Gebrauch der Dromone betreten
hatten. Allerdings läßt sich nicht verkennen, daß nach

anderer Richtung hin dieser Umschwung im normännischen
Seewesen eher einen Rückschritt bedeutet, insoferne als
nämlich die motorische Kraft, mit Vernachlässigung des
Segels, sich vorzugsweise auf das Ruder zu stützen beginnt.
Solange die Wickingerschiffe nur mit freien Männern
bemannt waren, die bei ihrem ungebundenen Abenteuerleben
der Zeit keinen Wert beimaßen, hatte das Segel seine
gleichwertige, im Ocean sogar seine ausschließliche Berechtigung und Verwendung gefunden; dies änderte sich, sobald
nach der Staatengründung in Süditalien der specifisch-
mittelländische Geist, dessen in diesen Zeilen so häufig
Erwähnung geschah, das Normannenthum zu durchbringen
und zu modificieren begann. Mit der Staatsbildung der
Normannen wurde auch ihr Seewesen zur staatlichen Aufgabe, und mußte eine Form annehmen, die dem Seewesen
der anderen mittelländischen Staaten ähnlich blieb; besonders
mußte es von Wind und Wetter unabhängig gemacht werden,
was bei dem damaligen höchst unvollkommenen Stande des
Segelwesens durch letzteres nicht zu erreichen war; und da
überdies die politischen und socialen Verhältnisse der Mittelmeerländer es unschwer erscheinen ließen, das zur Handhabung der Ruder erforderliche Menschenmaterial zwangsweise
zu beschaffen, so findet der rasche Übergang des normännischen
Seewesens von der Segel- zur Ruderschiffahrt seine unge-
suchte Erklärung. Man darf eben nie vergessen, daß, ehe
die Kunst des Segelmanövers zu einer verhältnismäßig hohen
Stufe entwickelt war, das Segelschiff sich nur zum Kauffahrer und allenfalls zum Corsaren eignete, nicht aber zum

Kriegsschiffe, dessen erstes Erfordernis stete Verfügbarkeit
und Schnelligkeit ist; und dass jederzeit das Ruder dem
Segel nach beiden Richtungen noch entschieden überlegen
war. Wenn aber auch die Normannen ihren Schiffbau und
ihr Seewesen dem eigenthümlichen Charakter des Mittelmeeres anpassten, so durchtränkten sie es doch mit ihrem
eigenen traditionellen Geschicke, und förderten es hiedurch
bedeutend auf dem Wege technischer Vervollkommnung; auch
behielten ihre Schiffe einen äußerlich ausgeprägten nationalen
Charakter, indem sie manche Eigenthümlichkeiten des alten
Wikingerschiffes beibehielten, wie den hohen thurmartigen
Aufbau am Hintertheile, das meist einen grimmigen
kolossalen Drachen darstellende Gallionbild 2c. Doch darf
auch nicht verschwiegen werden, dass auch die einheimischen,
neapolitanischen und sicilianischen, stark mit den Arabern
vermischten Elemente des normannischen Reiches von großem
Einflusse auf das normännische Seewesen waren, sowie die
größten und berühmtesten seiner Flottenführer (Georg von
Antiochien, Majo, Stephanus, Margaritus u. a.), ihrer
Nationalität nach Orientalen und Italiener waren.

Es konnte nicht fehlen, dass die Normannen sich auf
das eifrigste der zu Ende des 11. Jahrhunderts beginnenden
Kreuzzugsbewegung anschlossen, die so recht nach jeder Richtung
hin ihren Neigungen und ihrem Wesen entsprach; und ebensowenig konnte fehlen, dass ihre Theilnahme die ohnehin in
großer Anzahl vorhandenen Berührungspunkte feindseliger
Art mit dem byzantinischen Reiche vermehrte, das bekanntlich
mit jener Bewegung nicht im mindesten sympathisierte und

7*

derselben alle nur erdenklichen Hindernisse in den Weg legte.
Der bereits vorher zwischen beiden Reichen ausgebrochene
Seekrieg fand durch die Kreuzzüge neue Nahrung und brachte
Byzanz zum öfteren in ernstliche Gefahr; er dauerte mit
wenigen Unterbrechungen bis zum Ende des Normannenreiches (das zu Ende des 12. Jahrhunderts ebenso unerwartet
als plötzlich vor der noch vergänglicheren Macht der Hohenstauffen zusammenbrach) und culminierte im Jahre 1183 in
der Eroberung von Durazzo und Thessalonich durch die
Normannen. Wenn auch in diesem langen Seekriege, in
welchem schließlich doch die Byzantiner die Oberhand behielten,
keine solchen Seeschlachten und Großthaten stattgefunden
haben, welche glänzend in die Erinnerung späterer Geschlechter
hineinleuchten, so hat er doch wesentlich die Seetaktik des
Mittelalters ausgebildet und in feste Formen gebracht, wie
sie sich bis zu den Zeiten des großen Reformators Andrea
Doria erhielt, und ist deshalb von epochaler Wichtigkeit;
er zeigt den Kampf zweier Gegner, die sich mit ziemlich
gleichen Kräften und ziemlich gleichen Mitteln messen und
daher darauf angewiesen sind, die Entscheidung nicht allein
in persönlicher Bravour, sondern mehr noch in geschickten,
kunstgemäßem Manövrieren zu suchen. Der Mangel an
episodischem Interesse hat aber sein Andenken verblassen lassen
und das verfrühte, überraschende Abtreten des einen Gegners
vom Weltschauplatze ihm ein glanzloses Ende bereitet. Denn
nicht nur das Reich der Normannen erlag in den Kämpfen
von 1189—1194 dem Hohenstauffen Heinrich VI., auch ihre
Nationalität gieng in unglaublich kurzer Zeit spurlos

verloren und verschwindet gänzlich in den ferinentreichen
Völkergemische Sicilien's. Unverkennbar ist die Analogie
ihres Geschickes mit dem der Laubalen; beides germanische
Völker, die trotz geringer Zahl in strotzender Urkraft und
im ersten Ansturm die verweichlichten Südländer überwinden
und an den Gestaden des Mittelmeeres blühende mächtige
Staaten gründen; beides Elemente, die impulsiv in die
Geschicke der Welt eingreifen und namentlich die Herrschaft
über das Meer an sich reißen zu wollen scheinen; und doch,
beide zersetzen sich gleichsam chemisch unter den Strahlen
einer heißeren Sonne, unter ungewohnten zu üppigen Lebens-
bedingungen, verlieren rasch ihre nationale Eigenart und
gehen schließlich in der numerischen Mehrzahl der Überwundenen ohne Rest auf. Bei den Gothen und Longobarden
haben sich ähnliche Erscheinungen gezeigt; es scheint, daß
der wonnige Süden, der seit je so große Anziehungskraft
auf den Germanen ausgeübt, ihm nicht zuträglich ist, sondern
ihn anlockt, wie die Flamme das Insect, um ihn zu
verzehren.

Weit besser, als von den Normannen, wurde die
beginnende Kreuzzugsbewegung von einigen Küstenstädten
Oberitalien's ausgenützt, die aus unscheinbaren Anfängen,
eben durch geschicktes Erfassen der weittragenden Bedeutung
des Kampfes zweier weltbewegender Principien und durch
eine gleichsam vermittelnde Stellungnahme zu denselben, sich
zu ans Wunderbare grenzenden Aufschwunge emporarbeiteten.
Diese Städte waren Genua, Pisa und Venedig. Namentlich das letztere, in einem ziemlich versteckten Winkel der

äußersten Nordwestecke des adriatischen Meerbusens gelegen, ursprünglich eine Heimstätte der Flüchtigen, die der Zerstörung Aquileja's durch Attila entronnen; ohne anderen Territorialbesitz als die flachen, schmalen Sandbünen, die sich im seichten Meere aus dem Geschiebe der Brenta- und Etsch-Mündung aufbauen; ohne anderen Erwerb, als das Meer gewährt; eine nothgebrungene Ansiedlung habeloser Fischer: namentlich Venedig, wiederhole ich, bietet ein großartiges Beispiel, welch unerschöpfliche Fundgrube der Macht, des Wohlstandes, der materiellen und intellectuellen Überlegenheit und der höchsten Cultur das Meer, und eben nur das Meer, ist, wenn man es unermüdlich und zielbewußt zu benützen versteht. In ihren anspruchslosen Pfahlbauten inmitten der Lagunen, rings von Wasser umgeben, fanden die armen Flüchtigen von Aquileja erst das Gefühl der Sicherheit, der Selbständigkeit und der Unangreifbarkeit wieder; ihren Nachkommen begann dies amphibische Wesen bereits zu behagen; sie fühlten sich allgemach heimisch auf ihrer Dünenkette, deren Mittelpunkt die Insel Rialto bildete, constituierten sich selbstbewußt als eigenes Gemeinwesen und gaben sich eine Verfassung von ausgesprochen oligarchischem Charakter, mit einem auf Lebenszeit gewählten Dux (Dogen) an der Spitze; die illustre Reihe der Dogen von Venedig wird im Jahre 697 mit Paulucius Anafestus eröffnet; und mit dem Jahre 810, unter dem Dogat des Agnello Partlcipatio, hat der junge Staat bereits einen festen, bleibenden Regierungssitz auf der Insel Rialto, auf und um welcher eine eigenartige, prächtige Stadt aufzublühen beginnt, die sich den

Namen Venezia beilegt (nach den Venetern, die im Alterthume die Nordwestküste der Adria bewohnten). Bei bem
Mangel jedes zu Landwirtschaft und Viehzucht geeigneten
Stückchens festen Bodens — die Stadt schwamm gleichsam
wie eine Nymphäa auf der Wasserfläche — und bei dem
anfänglichem Mangel an jedem Festlandbesitze sahen sich die
Bewohner bezüglich ihres Unterhaltes lediglich auf das Meer
angewiesen; ursprünglich musste der Fischfang allein her-
halten, bald aber lehrte die Nähe der reichbewaldeten, gegen-
überliegenden Ostküsten die Holzschätze derselben zum Schiffbau verwenden. An den Bewohnern dieser illyrischen Küsten fanden
die Venetianer treffliche, altererprobte Lehrmeister in der Schiffbaukunst, sowie eine unversiegliche Quelle des Herbeiströmens
neuer Einwohner; und an den zahlreichen Seestädten Illyrien's
die erwünschte Gelegenheit, sich an der Vermittlung deren
lebhaften Handelsverkehres thatkräftigst zu betheiligen. Während sie auf diese Weise einerseits nutzbringende Beschäftigung
fanden und sich mit dem zum Leben Nöthigen versehen, ja
bald selbst Reichthümer ansammeln konnten, gab ihnen andere-
seits der rauhe, kriegerische und räuberische Charakter ihrer
illyrischen Nachbarn auch Veranlassung genug, sich wehrhaft
zu erweisen und mit der Natur des kleinen Krieges zur See
beizeiten vertraut zu machen. Die unzugängliche, leicht zu
vertheidigende Lage ihrer Stadt, zu welcher der Zugang nur
durch die schmalen Candle möglich war, welche die Dünenkette durchbrechen und die an den seichten Lagunen die treff-
lichste Rückendeckung besaß, kam ihnen hiebei wohl zustatten;
sie sahen sich hiedurch in den Stand gesetzt, nach Belieben

aggreſſiv gegen ihre Nachbarn vorgehen zu können, ohne von
Seite der letzteren einen wirkſamen Angriff auf ihr ſicheres
Neſt beſorgen zu müſſen; nur auf offener See hatten ſie
für die Sicherheit ihres Handels zu ſorgen. Auf dieſe Weiſe
erſtarkte der junge Staat, der anfänglich keine Eroberungs-
politik trieb und ſeine Aufmerkſamkeit nur auf den Handel
richtete, dieſen aber auch energiſch zu ſchützen wußte, in
überraſchend ſchneller Weiſe nach innen; es entwickelte ſich
in ihm ein Geiſt bewunderswerter commercieller und gleichzeitig kriegeriſcher Thatkraft, der zur Bildung einer mächtigen
Ariſtokratie von ganz eigenartigem Charakter führte, nämlich
zur Ariſtokratie der Kaufherren. Während im übrigen Europa
der Handel ſich in den Händen des ſtädtiſchen Bürgerthums
concentrirte und vom Adel als ſeiner nicht würdige Beſchäf-
tigung betrachtet wurde, bildete er in Venedig gerade die
auszeichnende Prärogative des Adels oder, mit anderen
Worten, der Adelsſtand bildete ſich eben aus dem Seehandel
heraus. Und in der That gab das abenteuerreiche Leben zur
See, der ſtete Kampf gegen Concurrenten und gegen Seeräuber und das kühne Erforſchen ferner Küſten dem vene-
tianiſchen Handel einen ritterlichen und heldenhaften Anſtrich;
denn der Kaufherr führte (wenigſtens in den erſten Jahrhunderten der Republik) ſein Schiff in eigener Perſon; er
mußte Seemann ſein und mit dem Degen in der Fauſt ſich
ſeines Lebens und ſeines Eigenthums erwehren; er mußte
in ſeiner Perſon die kluge, kaufmänniſche Berechnung mit
jenem wehrhaften und ſtreitbaren Geiſte vereinigen, der den
Grundzug des mittelalterlichen Ritterthums bildete. Daher

war auch der venetianische Kaufmann nicht der geringgeschätzte
„Pfeffersack" des Festlandes, sondern eine ritterliche Erscheinung und vor allem ein kühner Seemann; daher konnte sich
aus ihm ein specifischer Adelsstand herausbilden, der an
Selbstbewußtsein, Standesgefühl und Thatkraft keinem
anderen nachstand, an Klugheit aber und in der Fähigkeit,
seine Interessen zu wahren, jeden anderen weit überragte;
daher konnte er die politische Macht, die Staatsgewalt, an
sich reißen und dauernd behalten. Und noch ein wichtiger,
nicht zu übersehender Umstand: Da der venetianische Adel
(in den ersten Jahrhunderten) keinen festländischen Besitz
hatte und somit auch keine ackerbautreibenden Unterthanen
bedrücken konnte; da seine Handels- und Schiffsbediensteten
durch das eigene Interesse an das der Herren gekettet waren;
und da er durch Prachtliebe und Leichtlebigkeit viel Geld
unter die Leute brachte: so umschiffte er auch glücklich die
gefährliche Klippe, im Inneren des Staates Interessengegen-
sätze der Stände zu schaffen, und blieb populär. Auf diese
Weise blieb Venedig durch lange Zeit von den Parteiungen
und inneren Wirren verschont, die den Krebsschaden eines
jeden selbständigen Gemeinwesens, namentlich in Italien,
bildeten; es standen sich daselbst nicht, wie überall anderwärts, Adelspartei und Volkspartei, Reichthum und Armut,
Krone und Vasallenthum, Ritterschaft und Bürgerschaft,
Ghibellinen und Welfen feindlich gegenüber, sondern es
herrschten, unangefochten und von der Volksgunst getragen,
die mächtigen Geschlechter der adeligen Kaufherren und
Schiffsbesitzer, sich abwechselnd in das Zeichen der höchsten

Würde, die Dogenmütze, theilend; und hieraus resultierte
eine Stabilität der inneren Verhältnisse und der äußeren
Politik, eine Compactheit des Staatsganzen, die dem kleinen
Gemeinwesen, dessen ganzes Territorium nur aus einigen
Sandbänken und den Planken seiner Schiffe bestand, ein
gewaltiges Übergewicht verschafften. Zur Zeit, als die
Kreuzzugsbewegung Europa zu durchzittern begann, war
Venedig nicht nur die herrschende Seemacht in der Adria,
sondern war auch bereits mit dem fernen Orient in Fühlung
getreten, hatte mit Ägypten und Syrien einen gewinnbrin-
genden Seehandel begonnen und hatte mit den Normannen
Unteritalien's schon manchen ehrenvollen Strauß ausgefochten.
Mit Stolz flatterte der geflügelte Leu (das Symbol des
Schutzheiligen der Republik, des Evangelisten Marcus, dessen
Leib 830 von Alexandria nach Venedig gebracht worden war,
und das zum Staatswappen und zur Nationalflagge geworden.)
bereits auf dem ganzen Mittelmeere; auch hatte er seine
scharfen Pranken bereits fest in die Küsten Istrien's und
Dalmatien's geschlagen.

Auch an der tyrrhenischen Küste Italien's waren derzeit zwei Städte, Genua und Pisa, zu bedeutender Seemacht gelangt; ihr Aufblühen beruhte auf anderer Grundlage, als dasjenige Venedig's, doch würde es zu weit führen,
hierauf einzugehen. Was Pisa anbelangt, so ist allerdings
dessen Blütezeit eine verhältnismäßig kurze; die wenig
günstige Lage seines dem Versanden ausgesetzten Hafens,
das allmählige Zurücktreten des Meeres an der toscanischen
Küste, und die allzugroße Nähe zweier eifersüchtiger Nach-

barstaaten, Genua und Florenz, machten der Macht des
rührigen Gemeinwesens umsomehr ein vorzeitiges Ende, als
es sich mit Leidenschaft in die ganz Italien zerrüttenden
Parteistreitigkeiten eingelassen hatte. Doch während der
Kreuzzugsepoche war Pisa auf dem Höhepunkte seiner Blüte
angelangt, nachdem es bereits zu Beginn des 11. Jahrhunderts in glücklichem Seekriege den Arabern die Insel
Sardinien abgerungen hatte. Genua hinwieder erschien durch
seine günstige natürliche Lage bevorzugt, die es zu einem
Stapelplatz der Waren für das westliche Europa machte,
und war ebenfalls durch den, anfänglich gemeinsam mit
Pisa geführten glücklichen Krieg gegen die Araber erstarkt,
so dass es sich derzeit gleichfalls im Besitz einer ansehnlichen
und tüchtigen Flotte befand. Während der Zeit, wo Gottfried von Bouillon erobernd in Syrien und Palästina vordrang, konnte ihn Pisa bereits mit 120 und Genua mit
70 Kriegsschiffen unterstützen, die ihm neue Kämpfer und
Lebensmittel zuführten, wofür Gottfried den Pisanern und
Genuesen in Joppe und Jerusalem eigene Bezirke überließ,
und ihnen überhaupt große Rechte und Vortheile einräumte.

Im weiteren Verlaufe der Kreuzzüge trat die wichtige
Rolle, die hiebei den drei neuentstandenen Seemächten des
Mittelmeeres, nämlich den Republiken Venedig, Genua und
Pisa zufiel, immer deutlicher hervor. Anfänglich hatten sich
die Hauptmassen der Kreuzheere, die vorwiegend aus Franzosen, Deutschen, Lothringern, Flanderern und Burgundern
bestanden, auf dem Festlande, dem Laufe der Donau folgend,
gegen den Orient gewälzt; sie waren durch Ungarn,

Bulgarien, das byzantinische Reich, dann, den Bosporus
übersetzend, durch Kleinasien und Syrien in das heilige Land
gezogen; allein die Beschwerlichkeiten des langen Marsches
und das Übelwollen, denen die Kreuzfahrer in den osteuropäischen Ländern begegneten, ließen sie allmählig mehr
und mehr den Seeweg vorziehen. Namentlich wurde ihnen
der Landweg durch die mannigfachen Schwierigkeiten verleidet,
die ihnen während des Durchzuges durch das byzantinische
Reich bereitet wurden. Der tiefgehende dogmatische und
liturgische Gegensatz zwischen der west- und osteuropäischen
Christenheit, oder zwischen Rom und Byzanz, der seit Jahrhunderten bestanden, und 1054 zu einem unheilbaren end-
giltigen Bruche geführt hatte, war derzeit bereits in einen
wüthenden Glaubens- und Nationalhaß zwischen „Lateinern"
und „Griechen" ausgeartet; besonders bei den letzteren hatte
dieser Haß so fanatische Formen angenommen, daß sie die
römischen Christen für ärgere Feinde ansahen als die
Mohammedaner. Da aber andererseits auch die Byzantiner
nach der Wiedererwerbung des heiligen Landes Verlangen
trugen, und sich durch das unaufhaltsame Vordringen des
Islam in ihrer staatlichen Existenz bedroht sahen, konnten
sie nicht wohl gegen die Kreuzzugsbewegung eine offen feind-
selige Stellung einnehmen. In diesem Dilemma halfen sie
sich mit einem trügerischen Doppelspiel, an welchem Hof,
Regierung und Volk gleicherweise theilnahm, und welches
trotz der häufigen Thronumwälzungen und inneren Wirren
stets dasselbe blieb: sich scheinbar der Bewegung anschließend,
suchten sie deren Erfolg auf jede nur mögliche Weise zu

hintertreiben. Betrug, Verrath, Hinterlist, Wortbruch, kurz das ganze Arsenal der graeca fides wurde gegen die Kreuz-fahrer systematisch ausgespielt; geschlossene Verträge wurden ihnen nicht gehalten, versprochene Lebensmittel ihnen nicht, oder gar vergiftet, geliefert; durch falsche Wegführer wurden sie in unwirtliche Gegenden gelockt und dort ihrem Schick-sale überlassen, oder geradezu den Feinden ausgeliefert; kleinere Abtheilungen wurden meuchlerisch überfallen und niedergemacht u. s. w.; und da unleugbar auch die Kreuz-fahrer durch hochfahrenden Stolz, Übermuth und Gewalt-thätigkeiten vielfach dazu beitrugen, die Abneigung der Griechen zu steigern, so läßt sich ermessen, welch ange-nehmes Verhältniß zwischen beiden Theilen herrschen mußte. Je mehr sich die Kunde desselben in Europa verbreitete, desto mehr mußten die späteren Pilger und Kreuzfahrer den Wunsch hegen, das ungastliche Land zu vermeiden und desto mehr mußte sich eine allgemeine Erbitterung gegen das byzantinische Reich und dessen Bewohner in den Gemüthern der abendländischen Christen anhäufen, die zu einer für dieses verhängnißvollen Explosion führen sollte. Eine Umgehung des Landes war aber nur auf dem Seewege möglich. So wälzte sich nunmehr der Strom der Pilger und Kreuzfahrer nach den Häfen des Mittelmeeres, um daselbst Schiffe zur Über-fahrt nach Syrien zu suchen; dem Begehr nach solchen kamen natürlich die Hafenstädte und in erster Linie die drei vorhergenannten Seemächte mit der größten Bereitwilligkeit entgegen; galt es doch, außer der Verdienstlichkeit des Werkes, ein gutes Geschäft zu machen. Die Schiffseigenthümer ließen

sich für den Transport der Pilger nach Syrien hohe Fahr-
preise bezahlen und waren außerdem stets lohnender Rückfracht sicher. Die Rückfracht fand sich in den nun eben durch
die Pilger- und Kreuzfahrten bekannt und begehrt werdenden
kostbaren Waren des Orient's, den bunten Geweben und
feinen Stoffen, den gaumenreizenden Gewürzen und wohl-
riechenden Specereien, den zierlichen Artikeln einer hoch-
entwickelten Kunstindustrie und dergleichen, durch welche
das verloren gegangene Luxusbedürfnis Europa's neuerdings
geweckt wurde; und fehlte es einmal an solchen Waren, so
beluden die Schiffseigenthümer ihre zurückkehrenden Fahrzeuge einfach mit gewöhnlicher Erde aus dem heiligen
Lande, die für Begräbnisplätze stark gesucht war, da die
schwärmerischen Frommen der Zeit, welche die Reise nicht
selbst machen konnten, mindestens in geweihter Erde ruhen
wollten. Der Begehr nach Schiffen hielt durch das ganze
12. Jahrhundert in steigender Progression an und nahm
zeitweise ganz kolossale Dimensionen an, z. B. als der
französische König Philipp August sich mit seinem ganzen
Heere auf genuesischen und pisanischen Schiffen nach Syrien
übersetzen ließ. Sein Bundesgenosse, König Richard I. von
England, fuhr gleichzeitig mit einer Flotte von 250 Schiffen
(meist englischen und normännischen) dahin und ist dies der
erste Fall, daß eine geordnete englische Flotte im Mittelmeere auftritt; doch war auch Richard genöthigt, seine
maritimen Streitkräfte im Mittelmeere zu ergänzen und
miethete er hiezu Schiffe in Marseille.

Es ist selbstverständlich, daß, um diesen steigenden

Anforderungen zu genügen, die italienischen Seestädte die
größten Anstrengungen machen mußten, ihren Stand an
Kriegs- und Transportschiffen zu erhöhen, umsomehr, als
außer den Kreuzzügen gleichzeitig noch andere maritime
Aufgaben an sie herantraten. So bediente sich z. B. der
Hohenstaufse Heinrich VI. der genieteten genuesischen und
pisanischen Flotten zur Bekriegung und Vernichtung der
Normannenherrschaft in Sicilien; so war zwischen den
bisher befreundet gewesenen Republiken Genua und Pisa
selbst ein erbitterter Kampf um den Besitz der Insel
Corsica ausgebrochen; so war Venedig, um den Besitz
der dalmatinischen Küsten, mit dem byzantinischen Reich
und mit Ungarn in Streit gerathen; so galt es, sich der
Piraterie der an der Nordküste Afrika's entstehenden kleinen
arabischen Seestaaten Tunis, Fes und Marokko zu erwehren
u. s. w. Dazu kommt, daß jenerzeit die durchschnittliche
Lebensdauer eines Seefahrzeuges eine noch geringere war
als später; einmal ließ die noch unvollkommenere Bauart
und die sehr mangelhafte Takelage der Schiffe einen großen
Procentsatz derselben den Stürmen und Schiffbrüchen zum
Opfer fallen; dann verschlang der wildbewegte Charakter
der Zeit, der so oft als ein Kampf aller gegen alle erschien
und der „Krieg, Handel und Piraterie" zu einem unentwirr-
baren Knäuel zusammenballte, eine maßlose Zahl derselben;
auch verstand man es noch nicht, den Rumpf der Schiffe
gegen den Angriff der Bohrwürmer und anderer kleiner,
aber gefährlicher unterseeischer Feinde zu schützen; mit einem
Wort, die Abnützung des schwimmenden Materiales war

eine ungeheure und dementsprechend die durchschnittliche
Dauer desselben eine sehr kurze. Dieser Umstand, mit dem
rapid wachsenden Bedarf zusammengehalten, läßt ermessen,
wie außerordentlich belebend die Kreuzzugsbewegung auf
die Schiffbauthätigkeit einwirken mußte; und in der That
läßt sich die Intensität dieser Einwirkung auf Schiffbau,
Schiffahrt und Seeverkehr kaum mit anderen Epochen und
anderen Meeren vergleichen.

Wenn sich auch die plötzlich und beinahe fieberhaft
gesteigerte Theilnahme an den Seerüstungen mehr weniger
an allen Nordküsten des Mittelmeeres äußerte und auch die
aragonischen, provencalischen, süb- und ostitalienischen, dalmatinischen und albanischen Küsten und Seestädte in ihre
Kreise zog, so fand sie doch an Genua, Pisa und Venedig
ihre weitaus mächtigsten Stützen, die alle übrigen über-
flügeln und in Schatten stellen. Dies erklärt sich einerseits
daraus, daß diese drei Städte, durch schon vorher blühenden Seehandel reich geworden, allein die nöthige Capitals-
kraft besitzen, um die kostspieligen Investitionen zur Schaffung
ganzer Flotten im großartigsten Maßstabe zu leisten, und
die ganze Angelegenheit vom Standpunkte kalter kauf-
männischer Berechnung leiten; andererseits daraus, daß sie
unabhängig von festländischen Potentaten und unberührt von
deren oft sehr kurzsichtigen politischen Rücksichten und Tendenzen, ja sogar an der Gestaltung ihrer nächsten festländischen Nachbarschaft nur wenig interessiert, in der Lage
sind, ihren Blick unentwegt in ferne Weiten und auf eine
gesichert scheinende Zukunft zu richten, somit einen politisch

höheren Standpunkt einzunehmen. Bei Pisa allerdings hat sich dieser Standpunkt nicht auf die Dauer bewährt, wie bereits gesagt (auch hat es ihn, von den drei in Rede stehenden Seemächten, in der mindest vollkommenen Weise eingenommen, indem es sich zu tief in eine politische Streitfrage Italien's eingelassen und zu sehr mit den Interessen der Hohenstauffen identificiert hatte, in deren Fall es denn auch mitverwickelt wurde); wohl aber bei Genua und bei Venedig. Diese beiden Republiken, an Territorium und Einwohnerzahl neben den großen Festlandstaaten geradezu verschwindend, werden lediglich durch ihre auf eine starke Flotte gestützte consequente und überlegene Politik zu den einflußreichsten und ausschlaggebendsten Mächten Europa's; sie führen durch mehrere Jahrhunderte das große Wort im Mittelmeere, bemächtigen sich der beinahe ausschließlichen Herrschaft über dasselbe, und drücken namentlich dem gesammten Seewesen desselben ihre nationale Eigenart als allgemein giltigen typischen Stempel auf.

Es ist auffallend, wie vor diesen neuen Gestirnen die bisherigen Seemächte des Mittelmeeres, die Normannen, Byzantiner und Araber, plötzlich verblassen und verschwinden, und eben nur so zu erklären, daß Genua und Venedig der elementaren Gewalt der Kreuzzugsbewegung eine bestimmte Richtung zu geben verstanden, und sie in den Dienst der speciellen eigenen Interessen zwangen.

Daß die Vernichtung der Normannen durch den Hohenstauffen Heinrich VI. mit Hilfe Genua's und Pisa's vollzogen wurde, ist bereits erwähnt worden; es muß nun

noch darauf verwiesen werden, daß wenige Jahre später,
im Beginne des 13. Jahrhunderts, das große byzantinische
Reich vom kleinen Venedig in Trümmer geschlagen wurde;
und wenn auch diese Trümmer sich später noch einmal vereinigen sollten, um eine klägliche Scheinexistenz weiterzuführen,
so war es doch von da an um die Großmachtstellung dieses
Reiches endgiltig geschehen. Venedig, eifersüchtig gemacht
durch die Vortheile, die den Genuesen und Pisanern am
Schlusse des 12. Jahrhunderts durch die Beförderung der
Kreuzheere nach dem Orient daselbst zugefallen waren,
wußte es so einzurichten, daß das große, hauptsächlich aus
Franzosen bestehende Kreuzheer, welches sich im Jahre 1202
bildete, die eigene Stadt zum Sammelplatz wählte und eine
venetianische Flotte zur Überfahrt miethete; weiter verstand
es die geistige Überlegenheit des greisen Dogen Enrico
Dandolo, der persönlich die Führung der Flotte übernahm,
die Kreuzfahrer geradezu in den Dienst der Republik zu
zwingen, so daß sie trotz des päpstlichen Bannfluches, mehr
oder minder willig, als Söldner Venedig's dessen Geschäfte
besorgen mußten. So führte denn Dandolo die Kreuzfahrer
zuerst nach Dalmatien, wo sie ihm Zara erobern halfen,
dann nach Constantinopel, angeblich, um einen Usurpator zu
vertreiben und den rechtmäßigen Kronprätendenten auf den
Thron zu setzen, in Wahrheit aber mit viel weittragenderen
Absichten. Der Glaubens- und Nationalhaß der Abend-
länder gegen die Griechen, die Erbitterung und Rachsucht
der Kreuzfahrer gegen die byzantinische Herrschaft kam den
Venetianern hiebei trefflich zustatten; der Kreuzzug ver-

wandelte sich in einen Krieg gegen das innerlich bereits
ganz morsche byzantinische Reich und das Volk der Griechen,
das der stürmischen Tapferkeit der abendländischen Ritter
nicht gewachsen war, und das rasche Ende des Krieges
bezeichnete den Zusammenbruch des Reiches. Das regierende
Haus der Komnenen wurde vertrieben und nach Asien
gedrängt (wo es, in Nicäa und Trapezunt, neue „Kaiser-
thümer" gründete); die europäischen Theile des Reiches aber
(mit einziger Ausnahme von Epirus, wo sich ein Komnene
als Herrscher behaupten konnte,) wurden zwischen den sieg-
reichen Venetianern und Kreuzfahrern getheilt. Und hiebei
fiel den Venetianern der Löwenantheil zu; zwar wählten die
Sieger den französischen Ritter Balduin von Flandern zum
„lateinischen Kaiser von Byzanz", 1204, und schlug dieser
seinen Herrschersitz daselbst auf; zwar gründeten andere französische und lombardische Große eine ganze Reihe von quasi
selbständigen Staaten in Griechenland (Thessalonich, Athen,
Morea 2c.), die wichtigsten Theile nahmen doch die Venetianer für sich, nämlich die Seeküsten des adriatischen, joni-
schen, ägelschen, des Schwarzen und des Marmara-Meeres und
die meisten griechischen Inseln, darunter das wichtige Candia.
Und wenn auch dieser, fast drei Viertheile des Reiches aus-
machende Besitz unter der Oberhoheit des lateinischen Kaiserthums stehen sollte, so blieb letztere eine umsomehr bloß
nominelle, als sich die ganze Institution als eine verfehlte,
unnatürliche und daher nicht lebensfähige erweisen mußte.
Als Eroberer fremder Nationalität und fremden Glaubens
bei den Griechen tödtlich verhaßt, konnten die „Lateiner"

trotz aller Tapferkeit im Lande keine festen Wurzeln fassen,
und mußten, überdies unter sich uneins und im Norden des
Reiches von den Bulgaren heftig bedrängt, nach und nach
der Übermacht der Einheimischen erliegen. Alle die neuen
„lateinischen" Staatengebilde Griechenland's blieben demnach
nur ephemere Erscheinungen; das Kaiserthum selbst bestand
nur 57 Jahre und machte 1261 der Wiederkehr der Byzantiner Platz. Venedig hingegen, das sich wenig um Nationa-
litätenhaber und abendländisch-feodale Institutionen und noch
weniger um den kirchlichen Zwist kümmerte, sondern seine
Aufmerksamkeit ausschließlich auf Handel und Schifffahrt
richtete, konnte sich weit leichter als die übermüthige Ritterschaft mit den Einheimischen auf guten Fuß setzen und blieb
daher in ziemlich ungestörtem Besitz seiner Erwerbungen,
während alle andere Fremdherrschaft der Vernichtung anheim-
fiel. Nebstdem bewährten die Venetianer im Festhalten ihrer
Erwerbungen eine so zähe Energie und berechnende Überlegenheit, die den Griechen mehr imponierte als die brillanteste
Bravour der Ritter; und obwohl sie die eigentlichen Urheber
der Zerstörung des byzantinischen Reiches waren, so blieben
sie doch mit diesem, als es unter den Paläologen zur
Restauration kam, in einem leidlichen Verhältnisse und im
vollen Besitz ihrer Erwerbungen.

Wo blieb aber, während das Abendland sich zu Land
und zur See gegen den Orient ergoß, die Seemacht der
Araber, die wir noch kürzlich als so bedeutenden Factor
kennen gelernt? Ja, diese hatte sich auch bereits überlebt,
und zwar viel rascher, als man es hätte denken sollen.

Die Araber hatten sich, viel zu intensiv für die Dauerhaftigkeit ihres Machtbestandes, nach dem Westen gewendet
und darüber im Osten den Boden unter den Füßen verloren. Während sie in der Berberei und in Spanien neue
Staaten gründeten, in Sizilien und auf den Mittelmeer-
inseln festen Fuß zu fassen suchten, wurden sie von neuen
Einwanderern mohammedanischen Glaubens, von Türken,
Seldschukken und Kurden, aus Syrien und Ägypten verdrängt und vom Mittelmeere abgeschnitten; die neuen
Ankömmlinge aber, aus den Steppen Asien's kommend,
wußten mit dem Meere nichts anzufangen. Die Macht der
arabischen Khalifen, die nunmehr ihren Sitz zu Bagdad in
Mesopotamien aufschlugen, blieb nur mehr auf die geistliche
Gewalt beschränkt; die weltliche Gewalt aber ging auf
neue Dynastien über, die sich im Orient neue Reiche gründeten. Die mächtigste dieser Dynastien war die der Ejubiden,
der der gewaltige Saladin angehörte, der größte, glücklichste
und gefährlichste Gegner der Kreuzfahrer; er herrschte, als
Sultan von Ägypten, auch über Syrien und Palästina,
somit über die meisten der dem Islam unterthänigen Ostküsten des Mittelmeeres; aber, ein so großer Herrscher und
Krieger Saladin auch war, für das Seewesen hatte er weder
Sinn noch Verständniß. Dasselbe galt von seinen Nachfolgern; sie ließen es sogar geschehen, daß sich die Abend-
länder, besonders die geistlichen Ritterorden derselben, an den
Küsten Syrien's fest einnisteten, wodurch den maritimen
Operationen der Kreuzfahrer vorzügliche Stützpunkte geboten
wurden; und was Ägypten anbelangt, so scheint sich dieses,

sobald es wieder zu staatlicher Selbständigkeit gelangt war,
wieder seiner uralten, nationalen Abneigung gegen den
„Typhon" erinnert zu haben. Die Araber des Westens
aber, die noch immer tüchtige Seefahrer geblieben waren,
waren einerseits zu weit entfernt, um hier thätig einzugreifen, und hatten andererseits sich ihrer eigenen Haut zu
erwehren, indem sie mehr und mehr aus Angreifern zu
Angegriffenen wurden. So erklärt sich der auf den ersten
Blick auffällig erscheinende Umstand, daß der kurz vorher
noch so seegewaltige Islam keine Anstrengungen machte, der
Kreuzzugsbewegung auf dem Meere entgegenzutreten. Zwar
hören wir von einzelnen Seegefechten, so z. B. vom Kampfe
Richard Löwenherz' mit einem riesigen „türkischen" Dreimaster von 1500 Mann Besatzung während der Fahrt von
Cypern nach Accon; aber nirgends findet sich eine Spur
davon, daß die Saracenen auf eine systematische maritime
Abwehr, auf die Ausrüstung von Flotten gegen die Kreuzfahrer bedacht gewesen wären. Venetianer und Genuesen
hingegen werfen sich so recht eigentlich zur executiven Seemacht der christlichen Welt auf; und während die Seemacht
der übrigen Mittelmeerstaaten noch sozusagen in den Windeln
liegt, Normannen, Byzantiner und Araber aber allmählich
von der Bildfläche verschwinden, gelangen Venedig und
Genua in kürzester Frist zu fast ausschließlicher Herrschaft
über das Meer und zu eminent welthistorischer Bedeutung.

Ist diese Bedeutung schon aus allgemein geschichtlichem
Gesichtspunkte eine hervorragende, so wird sie es noch in
erhöhtem Maße mit Rücksicht auf das Seewesen im Speciellen,

namentlich auf Schiffbau- und Schiffahrts-Technik. Venedig
und Genua drücken dem Seewesen des Mittelmeeres ihren
eigenen charakteristischen Stempel auf und man kann füglich
das 13., 14. und 15. Jahrhundert, im Hinblicke auf diese,
die venetianisch-genuesische Epoche nennen. Der durch die
Zeitumstände so ungeahnt in Aufschwung kommende Schiffbau
wird durch Venetianer und Genuesen zu einer Kunst mit
festen Regeln erhoben und in Formen gebracht, die, vielleicht
zu lange Zeit starr festgehalten, den specifisch-mittelalterlichen
Schiffstypus darstellen. Dies geschieht mit Anlehnung an
die Antike, aber doch mit Berücksichtigung der durch die
veränderten Weltverhältnisse gebotenen Modificationen; die
wesentliche Unterscheidung zwischen dem „langen Schiff“
für Kriegs- und dem „runden Schiff“ für Handelszwecke
wird principiell festgehalten, ebenso die Benützung des für
beide Kategorien seit Alters üblichen Motors, nämlich des
Ruders für das erstere, des Segels für das letztere. Doch
machen die Anforderungen der Zeit Compromisse zwischen
den beiden Systemen nöthig; es galt hauptsächlich, große
Menschenmassen oder große schwere Ladungen an Proviant,
Kriegsmaterial ꝛc. mit möglichster Beschleunigung auf große
Distanzen zu befördern und dabei selbst wehrhaft zu bleiben.
Es muß daher darauf Rücksicht genommen werden, daß
die Schnelligkeit und Beweglichkeit des Fahrzeuges mit
großem Laderaum möglichst in Einklang gebracht werde,
daß keiner der beiden Gesichtspunkte den anderen unterdrücke.
Andererseits muß auch darauf Rücksicht genommen werden,
daß, abgesehen von für ausschließliche Zwecke construierten

Fahrzeugen, ein Schiffstyp von möglichst universeller Verwendbarkeit gefunden werde, der den Grundstock der navalen
Macht zu bilden habe und nach Umständen zum Kampf,
zum Massentransport oder zum Handelsbetrieb dienen könne.
Aus diesen theoretischen Erwägungen und praktischen Bedürfnissen, die sich bei beiden in Rede stehenden Seemächten
gleich blieben, resultiert auch bei beiden das gleiche Product:
Die Galeere (der Name stammt zwar aus dem Griechischen
und wird zuerst, als γαλαία, vom byzantinischen Kaiser
Leo dem Taktiker gebraucht; doch bezeichnet der Sprach-
gebrauch mit diesem Namen nur den von den Venetianern
und Genuesen in Aufschwung gebrachten eigenthümlichen
Schiffstypus). Nun ist dies allerdings nicht so zu verstehen,
als ob Venetianer und Genuesen mit einem Schlage eine
neue, originelle Schiffsgattung erfunden hätten; die Galeere
hatte ja sowohl dem Namen nach bereits bestanden — wie
denn der Ausdruck auch in diesen Zeilen wiederholt für den
Begriff Kriegsschiff im allgemeinen gebraucht worden ist —
als auch dem Wesen nach, indem sie allmählig aus der
alten griechischen Triere und der römischen Trireme hervorgegangen war; allein der etwas vage, allgemeine Begriff
des Ausdruckes Galeere beginnt von nun an die Bezeichnung eines nach Formen, Dimensionen und Gebrauchs-
zweck streng abgegrenzten Schiffstyps zu werden, der eben
zu jener Zeit, nach Vorgang Venedig's und Genua's, im
Mittelmeer zu allgemeiner Geltung kommt.

Zur Vermeidung von sinnstörenden Verwechslungen
ist es überhaupt nöthig, im Auge zu behalten, dass der

Name wohl auch noch in späterer Zeit in einem doppelten,
nämlich einem weiteren und einem engeren, Sinne gebraucht
wird; der weitere Sinn bezeichnet damit ein Kriegsschiff überhaupt, ohne jede Rücksicht auf dessen Nationalität,
Bauart und Größe, ja zuweilen, in dichterischer Sprache,
schlechtweg ein Schiff; der engere Sinn hingegen jene
bestimmte Form eines sowohl durch Ruder als durch Segel
bewegten Kriegsschiffes mittlerer Größe, die durch Venetianer
und Genuesen im 12. Jahrhundert fest ausgeprägt worden
ist. Dabei ist zu bemerken, daß auch die Galeere im engeren
Sinne noch in Unterabtheilungen zerfällt, von denen noch
weiter unten die Rede sein wird.

Es ist gesagt worden, daß sich die Galeere an classische
Formen, an die Triere der Griechen und die Trireme der
Römer, anlehnt und aus diesen hervorgegangen ist; dies
gilt für ihre Grundform als „langes Schiff“, für das
ungefähre Verhältnis der Länge zur Breite, für das Überwiegen des Ruders als Motor, und für das Baumaterial,
als welches ausschließlich Holz gebraucht wurde; an die
Verwendung von Metallen wurde noch nicht gedacht, nicht
einmal an die Verkleidung mit Blechen unter der Wasserlinie, als Schutz gegen Bohrwürmer und andere kleine See-
thiere. Auch die Form des Kieles, des Vorder- und Achter-
stevens, der Spanten und der äußeren und inneren Beplan-
kung blieb ziemlich die alte. Dagegen wich die Galeere wieder
in vielen Punkten von der Trireme ab, vor allem in den
Dimensionen. Namentlich den Venetianern verbot die Seichtigkeit ihrer heimischen Küste einen größeren Tiefgang der

Schiffe; sie mußten dieselben möglichst flachgehend und daher
niederbordig halten; aus diesem Grunde konnte die Galeere
auch nur ein einziges Deck erhalten, und fiel die Möglich·
keit weg, die Reihen der Ruderer in mehreren Decken über·
einander zu placieren; der Schiffsraum unter Deck hinwieder
mußte für die zu befördernden Leute oder Waren frei
erhalten werden, für die Ruderer blieb daher nur auf dem
Deck Platz. Dies beschränkte natürlich die Anzahl der letzteren
auch um ein Bedeutendes, und dieser Umstand, sowie die
Rücksicht auf die Schnelligkeit des Fahrzeuges führte seiner·
seits wieder auf Beschränkung der Dimensionen. So setzte
sich, gleichsam von selbst, die Regel fest, daß die Länge
des Schiffes zwischen 35 und 45 Meter, die Breite zwischen
5 und 6·5 Meter zu betragen habe, und das Deck die
Wasserlinie nur um einen Meter, oder wenig mehr, über·
rage. Auf Deck und beiderseits längsschiffs befanden sich die
Ruderbänke in zwei, drei oder auch mehreren Reihen neben·
einander; zum Stützpunkt der Ruder, seemännisch Riemen
genannt, lief, durch Consolen gehalten, ein langer, schwebender
Balken, Apostis, beiderseits außerhalb der Bordwand in
Deckhöhe dahin. Je nachdem jeder Riemen durch einen
eigenen Mann, oder ein und derselbe Riemen durch mehrere
Männer bedient wurde, zerfielen die Galeeren in zwei
Gattungen; im ersteren Falle hieß sie galera alla zenzile,
im zweiten galera alla scaloccio, und war demnach auch
die Anordnung der Ruderbänke verschieden, indem diese bei
den Zenzile-Galeeren schräg, bei den Scaloccio-Galeeren im
rechten Winkel zur Längsaxe standen; in der Mitte, zwischen

den Ruderbänken, blieb ein freier Gang vom vorderen bis
zum hinteren Ende des Schiffes. Zur Unterstützung der
Riemenwirkung führte die Galeere auch Segel, und zwar
mehr als ihr antikes Vorbild; sie war mit kurzen, sogenannten Pfahlmasten versehen, die, in den Kiel eingelassen,
das Deck nicht sehr hoch überragten, deren jeder aber eine
riesig lange, schräg in die Luft ragende Raa mit einem
einzigen dreieckigen Segel trug (die sogenannte lateinische
Takelung); die Zahl der Maste und mithin der Segel
variierte zwischen zwei und fünf. Die Segel ließen jedoch
nur eine zweifache Stellung zu, je nachdem ihre Schoten
steuerbord oder backbord befestigt wurden, und mithin konnten
sie wohl bei günstigem Winde die Schnelligkeit des Fahrzeuges bedeutend erhöhen, sonst aber nicht viel zur Manövrierfähigkeit beitragen; die letztere beruhte vorzugsweise auf den
Riemen. Die Masten hatten an ihrer Spitze einen vier-
kantigen Klotz, durch welchen die Taue liefen, welche sie in
ihrer aufrechten Stellung festhielten, und bei demselben einen
aus Gitterwerk hergestellten Korb, in welchem die Ausguck
haltenden Matrosen und während des Kampfes die Schützen
Platz fanden. Den Rammsporn behielt die Galeere von ihrem
antiken Vorbilde bei, nur in etwas veränderter Gestalt,
indem er einen dreieckigen, spitz zulaufenden Schnabel bildete,
der, etwa 6 Meter lang, zugleich als Enterbrücke diente.
Gänzlich verschieden war jedoch das Steuerruder, das in
Angeln am Achtersteven hieng und sichelförmige Gestalt hatte;
meist wurde es in seiner Wirkung noch durch zwei lange,
beiderseits gehandhabte Riemen unterstützt. Über dem Steuer-

ruber sprang eine weit nach rückwärts auslabende Gallerie
vor, welche die in Form eines Tonnengewölbes gehaltene
Kajüte des Befehlshabers trug; für die übrigen Officiere
und die Seesoldaten waren auf dem vorbersten und rückwärtigen
Ende des Deckes, das von Ruderbänken frei war, Hütten
errichtet. Der Schiffsraum hatte, da das Fahrzeug nur ein
einziges Deck besaß, keine Horizontalabtheilung, war aber
durch Verticalwände in eine Anzahl von Kammern getheilt,
die ihr Licht nur durch Deckluken bekamen; die Tieflage des
Deckes machte die Anbringung von seitlichen Luft- und Licht-
öffnungen unmöglich, so daß die Galeere, im Gegensatze zum
antiken Schiffe, volle Seitenwände zeigte. Die Kammern
des Schiffsraumes dienten theils zur Unterkunft für die zu
befördernden Personen, theils als Magazine für Vorräthe
und Ausrüstungsgegenstände, theils als Laderaum für Waren.
Zum Transport von schwerem Kriegsmaterial, von Pferden ꝛc.
eigneten sich natürlich die Galeeren nicht, und blieb dieser
den runden Schiffen vorbehalten.

Die im Vorhergehenden versuchte Beschreibung bezieht
sich auf jenen Schiffstypus, der nach dem Vorgange der
Venetianer und Genuesen sich vom 12. Jahrhundert an bei
allen Seefahrern des Mittelmeeres in streng festgehaltenen
Formen einbürgert und den Grundstock einer jeden Flotte
bildet, demnach auch der Zahl nach weitaus überwiegt.
Daneben treten aber auch, je nachdem das Fahrzeug mehr
dem einen oder anderen Specialzwecke dienen soll, gleichzeitig
besondere Eigenarten des beschriebenen Typ's auf, die, alle
auf dem Princlpe der Galeere beruhend, als Abarten der-

selben bezeichnet werden müssen, deren unterscheidendes
Merkmal vorzugsweise in den Dimensionen zu suchen ist.
So bilden sich aus der Galeere, als Nebenformen
derselben, noch folgende Typen heraus:

a) Die Galeasse, ital. galiazza. Sie bildet eine
vergrößerte Galeere und zugleich die größte Form des mittelalterlichen Kriegsschiffes, welche aber auch in der Bauart
einigermaßen von der gewöhnlichen Galeere ab. Ihre Länge
beträgt 50—60, ihre Breite 7--8 Meter; auch erscheint
sie bedeutend hochbordiger. Die übermäßige Länge der
Galeasse macht sie zu einem ziemlich schwerfälligen Fahrzeuge, das trotz der großen Riemenzahl (28--31 an jedem
Borde) und trotz der bedeutend erhöhten Anzahl der Ruderer
(bis zu 500!) nur eine mäßige Schnelligkeit erreicht; dagegen
war ihr wuchtiger Rammstoß von vernichtender Wirkung.
Da die Galeasse ausschließlich für die Seeschlacht geeignet,
ihr Bau und ihre Erhaltung sehr kostspielig war und sie
eine unverhältnismäßig starke Besatzung erforderte, so fand
sie eine weit geringere Verbreitung als die gewöhnliche
Galeere; am meisten fand sie bei den Venetianern Verwendung, bei welchen sie sich auch am längsten erhielt, dann
bei den Spaniern.

b) Die Galeote. Unter diesem Namen versteht
man die verkleinerte Form der Galeere bei sonstiger Beibehaltung von deren Bauart und Takelung. Die Galeote
hatte eine Länge von 28—35 und eine Breite von 4—5
Metern; die Zahl der Riemen an jedem Borde variierte
je nach der Größe, zwischen 16 und 23 (während die

eigentlichen Galeeren beiderseits stets 24 oder 26 Riemen hatten). Trotz dieser geringeren Riemenzahl und trotz dem, dass ein jeder nur von 2 oder 3 Mann bewegt wurde, hatten die Galeoten doch wegen ihres günstigeren Größen- verhältnisses einen sehr raschen Lauf; sie wurden demnach vorzugsweise als Eclaireur- und Jagdschiffe verwendet.

c) Die Felucke. Noch kleiner als die Galeote, hatte die Felucke eine Länge von nur 16—20 Meter, unterschied sich von derselben aber auch durch ihre Takelung, indem sie keine Pfahlmaste, sondern zwei höhere, schräg nach vorn geneigte Maste mit je einem lateinischen Segel führte. Sie hatte beiderseits je 8—12 Riemen. Anfänglich wurden die Felucken ohne Deck erbaut, später aber mit einem Deck versehen, in welches für die Ruderer Luken geschnitten wurden, so dass diese auf dem Deck selbst saßen und ihre Füße in den Schiffsraum hinabhängen ließen; bei dieser Anordnung gieng kein Raum auf Deck durch Ruderbänke verloren, was bei der geringen Größe der Fahrzeuge von Wichtigkeit war. Die eigenthümliche Takelung ließ die Felucke auch als guten Segler erscheinen; man baute sie in der Folge je nach der Größe des Schiffskörpers mit 1—3 Masten, die stets nach vorn geneigt und mit einem lateinischen Segel versehen waren; zur Unterscheidung nannte man dann die einmastigen Felucken Tartanen, die drei- mastigen aber Schebecken, während der Gattungsname Felucke speciell zur Bezeichnung des derartigen zweimastigen Fahrzeuges wurde. — Beim Feluckentypus, dessen Rumpf noch durchaus aus dem allgemeinen Galeerentypus hervor-

gegangen ist und bei sehr kräftiger Bauart stets den
charakteristischen Schnabel (Rammsporn) führt, läßt sich
gleichwohl das vorhererwähnte Compromiß zwischen „langem"
und „rundem" Schiff erkennen; das Verhältnis der Breite
zur Länge (bei der Galeere etwa 1:7, bei der Galeasse 1:8,
ja selbst 1:9,) erscheint bereits auf etwa 1:4 reduciert;
desgleichen zeigt die wesentliche Beschränkung der Riemenzahl die Übergangsphase zur Bewegungsart des runden
Schiffes, nämlich zum Segelwerk, wenn auch noch in
eigenthümlich beschränkter Form. Der Feluckentypus fand
wegen seiner leichten Beweglichkeit starke Verbreitung,
namentlich bedienten sich seiner die nordafrikanischen Barbaresken in der Folge mit Vorliebe und bildeten ihn weiter
aus, da er sich ganz vorzüglich zum Corsarenhandwerk
eignete.

Wenn wie gesagt sich die Annäherung des „langen"
an das „runde" Schiff schon in der Felucke zeigt, so wird
ein noch entschiedenerer Fortschritt auf der gleichen Bahn
gekennzeichnet durch:

d) Die Gallione. Obwohl auch aus der Galeere
hervorgegangen, zeigt die Gallione doch schon mehr die
charakteristischen Eigenschaften des runden Schiffes, nämlich
die verhältnismäßig große Breite und den hohen Bord,
und den Wegfall des Ruderwerkes; sie leitet den ausschließlichen Gebrauch des Segelwerkes auf ein bewehrtes Fahrzeug ein und bildet somit den Übergang zu der späteren
Form des Vollschiffes oder der Fregatte. (Doch sei gleich
hier bemerkt, daß die typische Ausgestaltung der letzteren

Form nicht mehr dem Mittelmeere angehört.) In der
Galliote zeigt sich der durch die Kreuzzugsbewegung auf den
Schiffban ausgeübte Einfluß am augenfälligsten; die Nothwendigkeit, große Menschenmassen, Pferde, Kriegsmaterial ic.
aufzunehmen und dabei doch dem Fahrzeuge den Charakter
der Wehrhaftigkeit zu wahren, ihm daher starke bewaffnete
Besatzung zu geben, führt hier zum erstenmale dazu, den
ungeheuren Raumanspruch für Ruderbänke und Rudermannschaft ganz fallen zu lassen. Daher wird die Länge
des Schiffes reduciert, dagegen seine Breite vermehrt und
namentlich seine Höhe, zur Gewinnung größeren Schiffsraumes, bedeutend gesteigert; hieburch wird auch wieder die
Möglichkeit geboten, mehrere Decke übereinander anzuordnen,
was, wie wir gesehen haben, bei den Ruderschiffen nicht der
Fall war. Die Galliote erhielt eine Länge von nur 24 bis
28 Metern, dafür aber eine Breite von 7·5 bis 9·5 Metern,
bei gleicher Höhe, vom Kiel bis zum Oberdeck gemessen.
Der Galeerenschnabel mußte wegfallen, da das Schiff nicht
rammen konnte; der Bug wurde demnach ziemlich rund
gehalten, das Heck hingegen bildete eine verticale Fläche,
während die Seitenwände große Convexität zeigten. Die
Masten der Galliote, anfänglich zwei, später drei oder vier,
waren höher als die der Galeere, vertical gestellt, und
führten nur lateinische Segel, (wenigstens im Mittelmeere,
wo die Raasegel erst durch Doria in Gebrauch kamen,
während die Spanier und Portuglesen bei ihren atlantischen
Seglern, den Karavellen, sich der Raasegel schon viel
früher bedienten). Dem Galeerentypus gegenüber zeigten die

Gallionen ziemlich plumpe Formen; war der erstere lang, schlank, zierlich und ungemein nieder über Wasserspiegel, so ragte der kurze und breite Rumpf der letzteren, mit ihren mehrfachen Decken und in mehreren Stockwerken sich über dem Achterdeck erhebenden Aufbauten oft haushoch über Wasser. Dagegen war ihre Tragfähigkeit eine bedeutende; auch waren sie nicht so schwerfällig und unbeholfen, als man vielfach annimmt, und im ganzen keine schlechten Segler, wenn auch das Manövrieren noch in der Kindheit lag und sie daher von günstigen Winden abhängig waren.

Neben der Gallione finden sich, für ausschließliche Handels- und Transportzwecke, natürlich noch zahlreiche Gattungen und Namen von Segelschiffen, die sich jedoch, der Natur der Sache nach, nicht so schematisch classificieren lassen wie die Kriegsschiffe und daher auch nicht eingehender angeführt werden können.

Ein Rückblick auf das Gesagte ergibt, daß sich die Schiffahrt der in Rede stehenden Epoche in drei Kategorien eintheilen läßt, die gleichsam durch allmähliches Differenzieren entstanden sind. In die erste Kategorie gehören die Schiffe, die ausschließlich oder vorwiegend durch Ruder bewegt werden, also die eigentlichen Galeeren und deren Nebenformen, die Galeassen und Galeoten;

in die zweite Kategorie gehören die Schiffe, bei denen der Übergang zum Segelschiff in der Weise in die Erscheinung tritt, daß die Takelung bereits als gleichwertiger Factor mit dem Ruderwerke gilt, also die Schebecken, Feluken und Tartanen;

In die dritte Kategorie endlich die reinen Segel-schiffe, also die Galionen, und die zahlreichen Varietäten der Kauffahrer. Es ist hiebei zu bemerken, daß die beiden ersten Kategorien speciell dem Mittelmeere eigenthümlich find, hier ausgebildet und durch mehrere Jahrhunderte streng conser-vativ festgehalten wurden, während die dritte Kategorie sich an den nördlichen und westlichen Küsten von Europa selbständig weiterentwickelte und, infolge der Handelsthätigkeit der deut-schen Hansa und der skandinavischen Staaten, sowie der atlantischen Entdeckungsfahrten der Portugiesen, eine Richtung nahm, welche hinsichtlich des technischen Fortschrittes das Mittelmeer überflügelte.

Es ist nothwendig, den letztangedeuteten Umstand fest-zuhalten, da er zur Erörterung einer unleugbar dunklen Seite des mittelländischen Seewesens leitet. Wie bereits mehrfach hervorgehoben, steht hier der Galeerentypus sowohl der Zahl als der Bedeutung nach unbedingt an erster Stelle, und hat demnach das maßgebende Überwiegen der Ruderschiffahrt zur Folge. Nun ist aber das Fortbewegen großer, mächtiger Fahrzeuge durch menschliche Kraft eine höchst mühselige, schwere und aufreibende Arbeit und erfordert eine so unver-hältnismäßig große Anzahl von Menschen, daß, als die mittelländische Schiffahrt durch die Kreuzzugsbewegung einen plötzlichen und ungeahnten Aufschwung nahm, der gesteigerte Bedarf an Ruderern nicht mehr durch freiwillige Arbeiter gedeckt werden konnte, und daß sich die Seefahrer, namentlich die Venetianer und Genuesen, veranlaßt sahen, den Mangel derselben durch Anwendung von Zwang zu ersetzen. Auf diese

Welse kam die mittelländische Seefahrt in die Lage, eines der
mißällichsten socialen Gebrechen des Alterthums, die Sclaverei
und den Menschenhandel, gleichsam neu aufleben zu lassen
und zu einer rechtlichen Institution zu machen. Anfänglich
war es ein nahelliegender Gedanke, schädliche oder unnütze
Mitglieder der Gesellschaft, wie Verbrecher und Taugenichtse,
durch Verurtheilung zur zwangsweisen Arbeit des Ruderns
auf den Galeeren wieder zu nutzbringenden Gliedern zu
machen; und hätte sich der Zwang auf obigen Kreis beschränkt,
so hätte die Institution der Galeerensclaverei neben der praktischen auch der ethischen Berechtigung nicht entbehrt. Allein
dieser Ergänzungsmodus genügte noch immer nicht, die Lücken
der Ruderbänke zu füllen; dagegen boten die häufigen Kriege
der Zeit, und namentlich der in der Kreuzzugsbewegung aus-
gedrückte große allgemeine Krieg des Abendlandes gegen das
Morgenland, die erwünschte Gelegenheit, Gefangene zu machen,
um diese für obigen Zweck zu verwerten. Und da die Gegner
es natürlich an Reciprocität nicht fehlen ließen, der Begriff
der ethischen Menschenwürde jenen rauhen Zeiten aber überhaupt nicht geläufig war, so entwickelte sich aus der
Sucht, Gefangene zu machen, nur zu häufig ein förm-
liches System der Menschenjagd und des Menschenraubes,
das es selbst mit der Nationalität und dem Glauben der Opfer
nicht allzu genau nahm. *) Die Galeere wurde demnach zu
einem Moloch, der ungezählte Tausende schuldiger und

---

*) Beruhte übrigens das „Matrosenpressen", wie es in England
bis in unser Jahrhundert hinein üblich war, auf einer wesentlich anderen
Grundlage?!

unschuldiger Opfer ohne Wahl verschlang, und in diesem
Umstande fällt ein tiefer Schatten auf die sonst so überaus
glänzende culturelle Bedeutung der Mittelmeer-Schiffahrt des
Mittelalters. Während an den Nord- und Westküsten
Europa's sich die Schiffahrt zu einem freien angesehenen
Gewerbe entwickelte, zu welchem sich die Leute freiwillig
und oft mit Begeisterung herandrängten, da sie nicht zu
dem aufreibenden und entwürdigenden Zwangsrudern verhalten wurden, blieb ihr im Mittelmeere, durch lange Zeit,
für einen großen Bruchtheil ihrer Angehörigen der Stempel
einer schweren und unwürdigen Knechtschaft aufgedrückt. Die
innige Verquickung des Begriffes der Schiffahrt mit demjenigen der in der That schrecklichen Galeerensclaverei mag
wesentlich dazu beigetragen haben, daß in der Folge das
Seewesen des Mittelmeeres so rasch von demjenigen des
atlantischen Oceans überflügelt werden konnte. Hiebei fällt
unleugbar den Venetianern ein großer Theil der Schuld zu;
die zwar sehr praktische und erfolgreiche, aber brutale,
eigennützige und von keinen humanitären Rücksichten ange-
kränkelte Handelspolitik der Republik hatte recht eigentlich
einen schwungvollen Sclavenhandel inaugurirt, der, auf
ihrem Schiffahrtssysteme fußend und von demselben ausgehend, sich auch auf noch unwürdigere Zweige ausbreitete,
sich bis in das späte Mittelalter erstreckte und ihr Seewesen
im allgemeinen moralisch discreditirte.

Der Schiffsdienst zeigt das Wesen der Sclaverei
in ihrer grausamsten, abschreckendsten und unmenschlichsten
Gestalt. Die Rudermannschaft eines Schiffes machte den

weitaus größten Theil seiner Besatzung aus; sie belief sich
bei Galeassen bis zu 500, bei Galeeren auf 144 bis 260,
bei Galeoten auf 64 bis 138 Köpfe, denen nur etwa der dritte
oder vierte Theil der betreffenden Zahl an Matrosen und
Seesoldaten gegenüberstand; und unter dieser weit über-
wiegenden Zahl der Rudermannschaft war wieder der weitaus
größere Theil aus unfreiwilligen Elementen, nämlich aus
verurtheilten Verbrechern, Kriegsgefangenen und gekauften
Sclaven, zusammengesetzt. Nun ist es begreiflich, daß diese
nur gezwungen an Bord befindlichen und natürlicherweise
feindseligen Elemente eine stete Gefahr für das Schiff und
dessen übrige Besatzung bildeten, daher auf das schärffte
überwacht und durch eiserne Strenge im Zaum gehalten
werden mußten; doch artete die nothwendige Strenge bei der
allgemeinen Rauhheit der Sitten und dem geringen Werte,
der dem Menschenleben als solchem beigemessen wurde, in
ein System barbarischer Härte aus. Der Galeerensclave
blieb Tag und Nacht mit eisernen Ketten an seine Ruderbank
gefesselt; er erhielt wohl genügende Kost, da seine physischen
Kräfte bis zum Äußersten in Anspruch genommen wurden,
dagegen gar keinen Sold, ja nicht einmal Kleidung; nur
die freiwillig geworbenen Ruderer erhielten Sold und
Bekleidung, die Sclaven hingegen blieben meist vollkommen
nackt, trotzdem sie auf dem offenen Deck bei Tag und Nacht
jeder Unbill der Witterung, den sengenden Sonnenstrahlen,
dem Sturm, dem Regen, der Kälte und Nässe ausgesetzt
waren. Der Ruderdienst selbst war ein furchtbar beschwer-
licher und mußte, obwohl die Ruderer abwechselten und bei

gewöhnlicher Fahrt nur der dritte Theil der Riemen arbeitete,
zehn bis zwölf Stunden ohne Unterbrechung fortgesetzt
werden, unter Umständen noch länger. Dabei war stets die
Peitsche der Aufseher geschwungen, um auf den Rücken des
Säumigen oder Ermattenden herniederzusausen; und brach
trotzdem einer oder der andere unter der Anstrengung ohn-
mächtig zusammen, so wurde der Unglückliche einfach von
seiner Stelle gelöst und über Bord geworfen; für den recht-
losen Sclaven wurde Krankheit oder Schwäche zum todes-
würdigen Verbrechen, denn er zählte nur als Maschine, als
physische Kraftquelle, die, sobald sie versagte, achtlos beseitigt
wurde. Man glaube nicht, daß das Los der Galeerensclaven
in zu düsteren Farben gemalt sei; es stellt eben nur zu
beglaubigt einen Zustand dar, gegen den die antike Sclaverei
als humane Milde erscheint. Der Sclave des Alterthums
erfreut sich mindestens der Wertschätzung eines nützlichen
Hausthieres, er wird schon aus Eigennutz bis zu einem
gewissen Grade geschont, und steht, ebenfalls bis zu einer
gewissen Grenze, unter dem Schutze eines Gewohnheitsrechtes,
das der Willkür seines Herrn eine Schranke setzt; der
Galeerensclave des Mittelalters hingegen ist nicht nur
ein rechtloses Ding, er ist überdies ein Verworfener und
Ausgestoßener, ein gehaßter und verachteter Feind, der nach
den Begriffen der Zeit schon vorher den Tod verdient hat
und dem der Galeerendienst als gleichwertig mit der Todes-
strafe auferlegt worden ist; seine Existenz zu verlängern,
sein ohnehin verwirktes Leben zu schonen, sobald es nicht
mehr einem momentanen Zwecke dienstbar gemacht werden

kann, liegt demnach keine Veranlassung vor. Dazu kommt
die jeder Controle, selbst der der öffentlichen Meinung,
entrückte Isoliertheit und Verantwortungslosigkeit der Schiffs-
commandanten, an und für sich schon geeignet, der Tyrannei
Vorschub zu leisten; und als ein Hauptgrund die vielfache
Gelegenheit, den Ersatz zu ermöglichen. Der Krieg gegen
die Ungläubigen, die Sclavenmärkte des Orientes, der fort-
während Kampf gegen Concurrenten sowohl als gegen
Seeräuber und endlich die jenerzeit mit dem Seehandel
stets mehr minder verknüpfte Piraterie werden zu ebenso-
vielen Quellen, aus denen das zur Füllung der Ruderbänke
erforderliche Menschenmaterial geschöpft werden kann; die
Dichtigkeit der Bevölkerung der Mittelmeerküsten, die
Mannigfaltigkeit ihrer nach Race, Stamm, Sprache und
Glauben so unendlich verschiedenen Bewohner, das unaufhörliche Herandrängen stets neuer Volkselemente an das
Meer sorgen dafür, daß die feindliche Reibung daselbst nie
aufhöre. Wäre das Mittelmeer nicht der Schauplatz ununterbrochener Seekriege auf verhältnismäßig beschränktem Raume
gewesen; wäre der Bedarf an Schiffen nicht durch die
Umstände so plötzlich und rapid gewachsen, daß ihre Herstellung meist über Hals und Kopf erfolgen mußte, so daß
an Stelle der langsamen organischen Entwicklung ein starrer
empirischer Schematismus trat; wäre endlich das nöthige
Menschenmaterial nicht in so reicher Fülle vorhanden und
so leicht zu beschaffen gewesen: so hätte wohl auch das
Seewesen des Mittelmeeres einen anderen Entwicklungsgang
genommen und sich der intensiveren Ausgestaltung der Segel-

Schiffahrt zuwenden müssen, die jenerzeit bereits entschieden das fortschrittliche Princip vertrat. So aber mußte sich das mittelländische Seewesen, trotz seines plötzlichen und ganz beispiellosen Aufschwunges, unter dem Drange der Zeitumstände in ein conservatives System bannen und gleichsam verrennen, aus welchem es in der Folge keinen rechten Ausweg mehr fand; so mußte es, zu seinem eigenen Nachtheile, das Odium auf sich laden, zu seinem Betriebe eine neue und drückende Form der Knechtschaft erforderlich zu machen, die es unpopulär machen mußte; so wurde es nicht nur zu einem M i t t e l zur Erreichung kriegerischer und friedlicher Zwecke, sondern selbst zu einer Q u e l l e stets sich erneuernder Kämpfe und Wirren; und so mußte es, während es nach einer Richtung hin intellectuelle und materielle Cultur auf das mächtigste förderte, nach anderer Richtung hin doch wieder der Barbarei eine neue Schleuse öffnen. Es war nicht überflüssig, auf obige Verhältnisse kurz hinzudenken; sie erklären es, wieso es kam, daß sich das Seewesen des Mittelmeeres in erster Linie die Pflege und Entwicklung der Ruderschiffahrt zur Aufgabe machte, so sehr, daß letztere für das ganze Mittelalter die charakteristische Erscheinungsform des Mittelmeeres bleibt; und werfen auch ein Streiflicht auf den nicht zu übersehenden Umstand, daß damit ein Ablenken von der bisherigen Bahn des seemännischen Fortschrittes platzgreift, eine Art seetechnischer Stagnation, welche zwar der extensiven Blüte der Schiffahrt durch lange Zeit keinen Abbruch thut, schließlich aber doch dazu führt, das Mittelmeer aus seiner prädominierenden Weltstellung zu verdrängen.

Wie gesagt, ist die Neugestaltung des mittelländischen
Seewesens in technischer und nautischer Hinsicht, während
des 12. und 13. Jahrhunderts, hauptsächlich das Werk der
Venetianer und Genuesen, wesentlich gefördert durch die
staatsmännische und commercielle Genialität, mit welcher
diese kleinen Republiken die in den Kreuzzügen sich entladende
religiös-politische Gährung Europa's in ihr eigenes Fahr-
wasser zu lenken wissen. Alle politischen Vortheile der
schließlich verlöschenden und, dem ursprünglichen Zwecke nach,
resultatlosen Bewegung verbleiben den beiden Republiken;
sie sind durch dieselbe zu Großmächten geworden und
bleiben es noch durch lange Zeit, nachdem alle durch die
„Lateiner" im Orient gegründeten Staatengebilde hinfällig
geworden sind; ja sie bleiben, allein von allen Abendländern,
durch längere Zeit im factischen Besitze ihrer orientalischen
Erwerbungen, behalten somit das wichtige Monopol des
orientalischen Seehandels, und die Herrschaft über das
Meer. Hieburch wurde auch die technische Ausgestaltung,
die Venedig und Genua dem Seewesen gaben, zum Muster
für alle anderen Seefahrer des Mittelmeeres, denn erstere
hatten ja das ausschlaggebendste Argument der Mustergiltigkeit
für sich, den Erfolg; und überdies entwickelte sich in beiden
Städten ein wahrhaft überlegenes technisches und nautisches
Genie, das zum Gemeingut ganzer Familien wurde, deren
Mitglieder in langer Reihe als Schiffbauer, Schiffsführer
und Seehelden glänzten; es genügt, an die Familien Cibo,
Doria, Grimaldi, Spinola, Fieschi re. in Genua, an die
Familien Urseolo, Michieli, Dandolo, Pisani, Contarini,

Morofini, Veniero, Capello 2c. in Venedig zu erinnern, die
nebst vielen anderen kaum minder berühmten in der Geschichte
des Seewesens mit unvergänglichem Glanze leuchten. Die
im Laufe des 13. und 14. Jahrhunderts im Mittelmeere
neu aufblühenden Seemächte, wie Aragonien, Frankreich
(Provence), die anglolulische Herrschaft in den beiden
Sicilien, ja selbst die Raubstaaten der Berberküste, lehnen
sich in der Form ihres Seewesens unverkennbar an genuesische
und venetianische Vorbilder an, und so läßt sich die ganze
Epoche desselben, vom 12. bis in das 16. Jahrhundert
hinein, unbedenklich und mit Recht die venetianisch-genuesische
Ära der Schiffahrt nennen. Doch ist dies nicht so zu
verstehen, als ob Genua und Venedig in einträchtigem
Zusammengehen eine bewußte und beabsichtigte Führerrolle
gespielt hätten; die Verschmelzung der beiden Namen in
einem Collectivbegriffe findet nur in dem Umstande seine
Begründung, daß bei beiden die Entwicklung und Erstarkung
der Schiffahrt aus gleichen Veranlassungen und unter der
Gunst der gleichen Zeitverhältnisse stattgefunden und daher aus
inneren Gründen und unbewußt eine gleichartige Gestalt
angenommen hatte. Im übrigen standen sich die beiden
Republiken höchst feindselig gegenüber und machten sich
gegenseitig die hartnäckigste und erbittertste Concurrenz. Zuerst
hatten die großen Begünstigungen und Vortheile, die von
den französischen und englischen Kreuzfahrern den Genuesen
im Orient eingeräumt worden waren, den Neid Venedig's
erregt; dieses hatte darauf, wie wir gesehen haben, mit dem
Zuge gegen Constantinopel, der Vertreibung der byzantinischen

Herrschaft aus Europa und der Gründung des lateinischen
Kaiserthums geantwortet. Natürlich mußte hinwieder die
lateinische Herrschaft im Orient, als speeifisch venetianische
Schöpfung, den Genuesen ein Dorn im Auge sein, welche
dagegen auch entschiedene Stellung nahmen; und der
Paläologe Michael VIII., Kaiser von Niäa, hatte es
hauptsächlich der thatkräftigen Unterstützung der Genuesen
zu verdanken, daß er im Jahre 1261 dem lateinischen
Kaiserthume ein Ende machen, Constantinopel zurückerobern
und das byzantinische Reich in Europa wiederherstellen
konnte.

Aus dieser politischen Gegnerschaft, verschärft durch
die unvermeidlichen Reibungen in den beiderseitigen levantinischen Besitzungen und den Streit um das Handelsmonopol,
entstand tödtliche Feindschaft zwischen Geana und Venedig;
und als gar der byzantinische Kaiser den Genuesen, sowohl
aus Dankbarkeit als aus natürlichem Haß gegen die Venetianer,
einen Theil seiner Hauptstadt Constantinopel abtrat (die Vor-
städte Pera und Galata) und ihnen die Küsten des Schwarzen
Meeres zu Handelsniederlassungen einräumte, sah sich Venedig
sogar in seiner Existenz bedroht. Die Folge dieser Rivalität
war ein gewaltiger Seekrieg zwischen den beiden Republiken,
der, mit einigen Unterbrechungen und mit wechselndem Glücke,
130 Jahre, bis 1980, währte. In diesem langen Kriege
wurden beiderseits ungeheure Anstrengungen gemacht, kolossale
Flotten gebaut, ausgerüstet und vernichtet, glänzende Seeschlachten geschlagen und beiderseits Wunder der Tapferkeit
verrichtet; die Siege der Genuesen bei Curzola, 1298, in

den Dardanellen, 1352, bei Saplenza, 1354, bei Pola, 1379,
und die Siege der Venetianer bei Trapani, 1264, bei Pera,
1295 und bei Chioggia, 1379, gehören zu den brillantesten
Waffenthaten, deren die Geschichte der Seekriege überhaupt
Erwähnung thut; trotzdem ist dieses überlange Ringen der
zwei größten Seemächte der Zeit ohne wesentliche Einwirkung auf die technisch-fortschrittliche Entwicklung des
Seewesens, denn beide kämpfenden Theile hatten sich bereits
in der vorhin angedeuteten Starrheit der Form verfangen,
die die festgestellten schematischen Typen der Fahrzeuge und
deren Verwendungsart als das erreichbare non plus ultra
betrachtete. So führte denn auch der venetianisch-genuesische
Seekrieg dazu, die Herrschaft jener Form dauernder zu
befestigen und die specifische Galeerentaktik in ein durch
lange Zeit unerschüttertes System zu bringen. Das Wesentliche dieser Taktik geht aus der Bauart der Galeere und
ihrer Nebenarten so klar hervor, daß es kaum einer näheren
Andeutung bedarf: Es besteht darin, dem Gegner stets die
stärkste Seite des Schiffes, nämlich den schmalen scharfen
Bug, zuzukehren, ihn womöglich durch rasche Wendung in
die Flanke zu fassen und ihm dann mit energischer Ruder-
wirkung den Schnabel (die Ramme) in die Breitseite zu
bohren, damit ihn das durch das entstandene Leck ein-
bringende Wasser zum Sinken bringe; gleichzeitig suchen die
an Bord befindlichen Seesoldaten die Rudermannschaft des
Gegners kampfunfähig zu machen, damit das feindliche
Fahrzeug unlenkbar und desto leichter seitlich zu fassen werde.
Zuweilen wird wohl auch das Entern angewendet, aber in

weit wenigter ausgedehntem Maße als nach der antiken und
frühmittelalterlichen Kampfweise; und der Breitseiten-Nah-
kampf der Schiffe wird schon durch die weit in See aus-
greifenden Riemen, welche die seitliche Annäherung erschweren,
in der Regel ausgeschlossen. Mithin charakterisiert sich die
Kampfweise der Galeeren als reine Stoßtaktik; anders
natürlich die der Galionen, die nicht rammen können,
dagegen eine viel zahlreichere militärische Besatzung haben,
welche letztere durch Pfeil und Wurfspieß in den Gang des
Gefechtes einzugreifen und sich den Gegner vom Leibe zu
halten trachtet. Dafs die mannigfachen und unvorhersehbaren
Zwischenfälle des Krieges und des Gefechtes auch mannigfache
Abweichungen in der taktischen Verwendung mit sich bringen,
und daher obige Regeln nicht ausschließliche Giltigkeit haben,
ist selbstverständlich; doch bezeichnen sie immerhin den allgemeinen Charakter des Seekampfes, wie er zwischen
Venetianern und Genuesen ausgefochten wurde. Übrigens
endete der Krieg mit dem schließlichen Siege Venedig's,
und zwar in eben dem Augenblicke, wo dieses bereits zu
unterliegen schien; und, ebenso auffälligerweise, nicht zur
See, sondern zu Lande, indem die bereits die Stadt Venedig
belagernden Genuesen in ihrem verschanzten Lager in der
Lagune von Chioggia eingeschlossen und durch Mangel zur
Ergebung gezwungen wurden. Der 1381 zu Turin geschlossene
Friede machte der langen Rivalität der beiden Republiken
ein Ende, und zwar entschieden zu Gunsten Venedig's, das
nunmehr zur alleinigen Vormacht des Mittelmeeres wurde,
während Genua von da an einem allmähligen langsamen

Verfalle entgegengieng, aus welchem es sich nur einmal
noch, in späterer Zeit, durch die Genialität des großen
Andrea Doria zu vorübergehender Blüte erheben sollte.

Während Venedig dergestalt mit Genua um die Seeherrschaft stritt, konnte es nicht verhindern, daß neben ihm
auch andere Seemächte aufzustreben begannen, die allerdings,
vorderhand, auf dem Mittelmeere nur Mächte zweiten
Ranges blieben. So erhielt die südfranzösische (pro-
vençalische) Marine durch die übrigens wenig erfolgreichen
Kreuzzüge des französischen Königs Ludwig IX. (1248—1254
und 1270) einen belebenden Anstoß; ein Bruder des letzteren,
Karl von Anjou, stürzte die Herrschaft der Hohenstauffen in
Süditalien und gründete ein Königreich Neapel; ein
Theil dieses Reiches, die Insel Sicilien, fiel zwar bald
davon ab (die sogenannte Sicilianische Vesper, 1282), und
bildete unter Herrschern aus dem Hause Aragonien ein
eigenes Königreich, was der Entwicklung der aragonischen
Seemacht zustatten kam (die den Grundstock der späteren
spanischen Macht im Mittelmeer bildete); doch finden sich
in der Folge die Beiden Sicilien wieder vereinigt und
fallen schließlich, nach vielen Kämpfen zwischen den Häusern
Anjou und Aragonien und nach vorübergehender Eroberung
durch Frankreich, als für die Seemachtstellung höchst
wertvoller Besitz der Krone Spanien zu. — Ein
Urenkel des oben genannten Karl von Anjou gelangt
zu Anfang des 14. Jahrhunderts auf den Thron
von Ungarn und stiftet daselbst eine Dynastie, die
zwar nur durch drei Generationen besteht, aber für Venedig's

Seeherrschaft sehr gefährlich zu werden beginnt; sie entreißt der Republik den für diese eine Lebensfrage bildenden Besitz von Dalmatien, tritt selbst in Italien erobernd auf, und ist im Begriffe, Ungarn zu einer Großmacht ersten Ranges zu erheben, als ihr frühes Erlöschen neue Wirren für letzteres im Gefolge hat, und es der ziemlich gleichzeitig über Genua triumphierenden Republik ermöglicht, sich neuerdings und dauernd in den Besitz Dalmatien's zu setzen und damit Ungarn vom Meere abzudrängen. Weniger erfolgreich war Venedig gegenüber seiner kleinen, aber rührigen und mit größtem Argwohn betrachteten Rivalin Triest, die sich durch freiwilligen Anschluß an Österreich, 1382, unter den Schutz des deutschen Reiches stellte und dergestalt der Verschlingung entgieng; und gegenüber der kleinen Republik Raguja, die sich ebenfalls, durch Anrufung fremden Schutzes, von Venedig unabhängig zu erhalten wußte. Im Osten des Mittelmeeres begann sich endlich eine neue Seemacht zu bilden, die in der Folge zu Venedig's gefährlichstem Gegner werden sollte, nämlich die der Türken, unter deren Ansturme das wiederhergestellte, aber zu kläglicher Ohnmacht verurtheilte byzantinische Kaiserreich unaufhaltsam zusammenschmolz, und die sich bereits 1365 auf der Balkanhalbinsel dauernd festgesetzt hatten. Zwar mangelte den Türken, als echten Asiaten, die Befähigung zum Seewesen fast durchaus, und haben sie deshalb zu dessen Entwicklung auch nichts beigetragen; doch fanden sie in den unterworfenen Griechen, und mehr noch in den Glaubensgenossen der nordafrikanischen Küsten, seegewandte Elemente, die sie in ihren Dienst zwangen

und mit deren Hilfe sie auch auf dem Meere zu einem
bedeutungsvollen Factor wurden. Und schließlich muß, unter
den sich bildenden Seemächten der Zeit, auch noch des
Johanniter-Ordens gedacht werden, der, nachdem
Palästina und Syrien definitiv für die Christen verloren
gegangen waren, sich erst auf der Insel Cypern, dann auf
der Insel Rhodos (und später zuletzt auf der Insel Malta)
niedergelassen und den ununterbrochenen Seekrieg gegen die
Türken und die afrikanischen Barbaresken zum Daseinszweck
erkoren hatte.

Doch konnten sich, mit Ende des 14. und Anfang des
15. Jahrhunderts, all die hier aufgeführten Seemächte des
Mittelmeeres bezüglich der Ausdehnung ihres Seehandels
und der Stärke ihrer Kriegsflotten noch nicht (oder nicht
mehr) mit Venedig vergleichen; diese Zeit bezeichnet den
Gipfelpunkt von Venedig's Macht und Blüte. Die Republik
hatte derzeit auf dem Festlande von Oberitalien bereits festen
Fuß gefaßt, die Städte Padua, Treviso, Aquileja, Udine ec.
ihrem Gebiete einverleibt, und besaß die sämmtlichen Küsten
des Adriatischen Meeres, von den Po-Mündungen angefangen
bis einschließlich Albanien (mit Ausnahme von Triest, Fiume
und Ragusa); die Städte Scutari, Dulcigno und Durazzo;
die Insel Corfu; auf dem griechischen Festlande die Städte
Modon, Koron und Korinth; im ägeischen Meere die Insel
Negroponte; und endlich die große und wichtige Insel Kandia
(Kreta). Waren auch die Besitzungen am Schwarzen und
Marmara-Meere, sowie ein Theil der ägeischen Inseln bereits
an die vordringenden Türken verloren gegangen, so war doch

der Verlust durch die Erwerbungen auf der Terra firma und
an den dalmatinischen, albanischen und ionischen Küsten mehr
als aufgewogen, und repräsentierte der ganze Besitzstand eine
wahrhafte Großmachtstellung, die in dem kolossalen Reich-
thume der Stadt Venedig einen beredten Ausdruck findet.
Im Anfang des 15. Jahrhunderts beförderten die Handelsschiffe der Stadt jährlich durchschnittlich Waren im Werte
von 10 Millionen Ducaten, aus denen ein Reingewinn von
40% (!) resultierte; hieraus floß dem Staate eine jährliche
Reineinnahme von rund einer Million Ducaten zu, während
man in der Stadt über tausend Privatpersonen zählte, deren
jährliche Revenue mindestens 40.000 Ducaten betrug; man
bedenke den damaligen Wert des Geldes, um die Bedeutung
dieser Summen richtig zu bemessen. Eine aus dem Jahre 1423
datierende Aufzeichnung beziffert die venetianische Handelsflotte mit 3345 Schiffen über 100 Tonnen Tragfähigkeit,
darunter 300 von über 200 Tonnen; bemannt waren dieselben mit 38.000 Matrosen; der Schiffbau beschäftigte in
Venedig allein 10.000 Personen. Im gleichen Jahre (das zur
See ein Friedensjahr war) waren lediglich zum Schutze der
Handelsflotte activ ausgerüstet 45 Galeeren mit einer Besatzung
von 11.000 Mann; eine weit größere, aber nicht genau
bezifferte Anzahl von Galeeren lag abgetakelt im Arsenal
von Venedig. — Eine derartige Prosperität war allerdings
nur möglich durch das System rücksichtslosester Ausbeutung
der Colonien; so milde und alle materiellen Interessen
schonend die Herrschaft der Signoria in Venedig selbst war,
so hart und tyrannisch war sie in den auswärtigen Besitzungen.

Die Colonien waren nur dazu da, um unbarmherzig aus-
gesaugt zu werden, um allen ihren Erwerb in die Mutterstadt fließen zu lassen. Daß von politischen Freiheiten keine
Rede sein konnte, versteht sich von selbst; in diesem Punkte
verstand die Signoria auch zu Hause keinen Spaß; aber es
geschah auch alles, um die Colonien materiell und intellectuell
in Armut und Erniedrigung zu halten. Sie wurden von
venetianischen Statthaltern verwaltet, die mit der unbeschränk-
testen Gewalt ausgerüstet waren und dieselbe mit der äußersten
Härte gebrauchten; zu allen öffentlichen Ämtern wurden nur
Venetianer oder Nachkommen der ersten venetianischen Colo-
nisten zugelassen; aller Handel und Verkehr durfte nur von
diesen betrieben werden und jede Regung der Selbständigkeit
seitens der ursprünglichen Einwohner wurde mit unmensch-
licher Grausamkeit niedergehalten. Die Folge dieser Behand-
lungsweise, die von der in früheren Zeiten geübten ganz
verschieden war und sich hauptsächlich während des 14. Jahrhunderts entwickelt hatte, war, daß die venetianische Herrschaft
bei allen Unterthanen anderer Nationalität stets verhaßt
blieb und die Auflehnung gegen dieselbe nie aufhörte. Auch
dieser Umstand mag dazu beigetragen haben, die bereits
erwähnte, im venetianisch-genuesischen Schiffahrtssystem
begründete Entfremdung breiter Schichten der mittelländischen Bevölkerung gegen das Seewesen überhaupt zu vermehren; es begann diesem ein äußerer Schein der Unfreiheit
und der Tyrannei anzuhaften, der allerdings mit seinem
inneren Kern nichts zu schaffen hatte, immerhin aber zur
Trübung der Begriffe beitrug und Abneigung erweckte. —

Es mag auffallend erscheinen, daß, während kleine
italienische Republiken in so maßgebender Weise in die
Gestaltung der Welthändel eingriffen, seitens des großen
d e u t s c h e n R e i c h e s nichts Ernstes geschah, um am Mittelmeere, wo sich so viele seiner Interessen concentrierten, festen
Fuß zu fassen; doch erklärt sich dies aus mehrfachen Umständen. Der wichtigste derselben ist ohne Zweifel der, daß
sich im Laufe des 13. Jahrhunderts das deutsche Herrscher-
geschlecht, in welchem die Krone zu einer Art von Erblichkeit
gelangt war, im Kampfe in und um Italien vorzeitig auf-
gerieben hatte; die Hohenstauffen hatten es wohl darauf
angelegt, sich eine Seemacht zu bilden, nach ihrem frühen
Untergange jedoch hatte ihre große leitende Idee, die Vereinigung der Herrschaft über Deutschland und Italien in
einer Hand, gewaltig au Boden verloren; sie hatte sich als
praktisch so schwer durchführbar erwiesen, und hatte für
beide Länder so schwere Erschütterungen zur Folge gehabt,
namentlich aber beide in eine so große Zahl centrifugaler
Sonder-Existenzen zersplittert, daß der Gedanke ihrer Verwirklichung für längere Zeit in den Hintergrund trat. Und
als er später wieder aufgenommen wurde, hatten sich die
Weltverhältnisse so gründlich geändert, daß der Angelpunkt
des Weltherrschaftstraumes nicht mehr wie bisher in die
Sphäre des Mittelmeeres fiel. Zunächst nach dem Aussterben
der Hohenstauffen wurde das deutsche Reich, das den
Charakter eines „Römischen Reiches" nur mehr als wesenlosen Schatten beibehielt, auch thatsächlich wieder zu einem
Wahlreiche und hatte alle unausbleiblichen Consequenzen

dieser verderblichsten aller Staatsformen zu tragen; der
Particularismus erstarkte derart, daß er bis zu einer fast
völligen Auflösung des staatlichen Zusammenhanges des
deutschen Reiches, ja beinahe bis zum Erlöschen des Be-
wußtseins einer nationalen Zusammengehörigkeit der Teutschen
führte; und wie Italien schon früher das Beispiel gegeben,
so zerfiel nun auch Deutschland in eine große Anzahl von-
einander unabhängiger Staaten, die specielle Interessen verfolgten und deren Unterordnung unter das gemeinsame
Reichsoberhaupt, den Römischen Kaiser, kaum mehr als eine
nominelle war. Es währte, nach dem Erlöschen des Hohen-
staufischen Hauses, nahe an zwei Jahrhunderte, daß drei
mächtige Dynastengeschlechter des Reiches, deren Mitglieder
abwechselnd die Römische Kaiserkrone trugen, nämlich die
Häuser Habsburg, Luxemburg und Baiern, ihre Kraft an
dem Bestreben abnützten, die Erblichkeit der Krone ihrem
Hause zu sichern; und als schließlich, gegen die Mitte des
15. Jahrhunderts, dieses Bestreben zu einem wenn auch
nicht staatsrechtlich festbegründeten, so doch praktisch durch-
geführten Erfolge des Erzhauses Habsburg führte, da war
der oben angedeutete Umschwung bereits im Begriffe sich zu
vollziehen. Jedenfalls aber war damals der Particularismus
des deutschen Reichswesens schon so weit entwickelt, der
Interessenkreis der Reichsfürsten, -stände und -städte so
schroff abgegrenzt und auf so enge Zirkel beschränkt, daß
der Blick ins Große und Weite bereits getrübt erschien;
namentlich war der Blick aufs Mittelmeer, welches ohnehin
von Teutschland geographisch durch die Alpenkette, ethno-

graphisch durch Welsch- und Slaventhum getrennt ist,
abhanden gekommen. Allerdings gehörte ein Theil der
Adriatischen Küste, nämlich die Stadt Triest und die Grafschaft Görz, zum deutschen Reiche; allein dieser Theil gehörte
in die Interessensphäre der habsburgischen Hausmacht, und
es war seit je die eigentlichste Politik der deutschen Reichsfürsten, die Hausmacht des Geschlechtes, welches eben die
Kaiserkrone trug, in ihrer Erstarkung möglichst zu hemmen;
daher hatten Triest und Görz vom Wohlwollen des Reiches
keine Förderung zu erwarten. Seitens der österreichischen
Regenten geschah wohl manches, um diese rührigen Gemeinwesen in ihren unablässigen maritimen Bemühungen zu
unterstützen; allein einerseits die ungünstige geographische
Lage dieser Städte, die durch schroffe unwegsame Gebirge,
die parallel mit den Küsten dahinziehen und sich nirgends
gegen das Meer zu öffnen, vom fernen productiven Hinter-
lande getrennt sind, andererseits die Nähe des bereits
mächtigen und auf sein Monopol in der Adria eifersüchtigen
Venedig ließen sie zu keinem höheren Aufschwunge kommen.
Dazu kommt, dass die seit Alters bekannten und begangenen
Alpenpässe, die den Verkehr zwischen Deutschland und Italien
vermitteln, in gerader Richtung gegen Genua oder Venedig
weisen, demnach die genannten Städte, als die zunächst
gelegenen und am leichtesten zu erreichenden, auch zu den
natürlichen Lagerstätten des deutschen Zwischenhandels werden mussten, und man in Deutschland kein Bedürfnis
fühlte, sich von ihnen zu emancipieren. Was speciell Venedig
betrifft, ist sogar eine gewisse Sympathie nicht zu verkennen,

die sich im deutschen Reiche für dasselbe äußerte; der Grund derselben ist einerseits darin zu suchen, daß Venedig's Politik stets eine sowohl gegen die kaiserliche als gegen die päpstliche Autorität gerichtete Spitze zeigte, und somit mit der dem germanischen Charakter eigenen individualistischen Richtung harmonierte; andererseits darin, daß Venedig, neben seiner politischen und Handelsblüte, auch zu einer hervorragenden Pflegestätte der Wissenschaften und schönen Künste wurde, und auf dieser Basis mit der Denkernation der Deutschen in geistigen Rapport trat. Alle die angedeuteten Umstände wirkten zusammen, daß das deutsche Reich als solches nicht als selbständiger Factor in die Machtsphäre des Mittelmeeres einzugreifen die Befähigung und den Beruf fühlte; während ja der nationale Drang der Deutschen nach Bethätigung ihrer seemännischen Befähigung und Unter-nehmungslust in Nord- und Ostsee seine natürliche Befrie-bigung fand.

In ähnlicher Weise ablenkend, wie die Nord- und Ostsee für die Angehörigen des deutschen Reiches, wirkte der Atlantische Ocean auf die bereits genannten, neu auf-strebenden Seemächte des Mittelmeeres, auf Frankreich und Spanien. Frankreich hatte sich von Anfang an in der Richtung eines centralistischen Einheitsstaates entwickelt; Spanien wurde es in der zweiten Hälfte des 15. Jahr-hunderts durch Vereinigung der bisher selbständigen König-reiche Castilien und Aragonien; und beide Reiche traten um diese Zeit und ziemlich gleichzeitig in die Reihe der ton-angebenden, eine aggressive Politik verfolgenden Großmächte

ein. Frankreich sowohl als Spanien hatte jedes nicht nur
eine mittelländische, sondern auch eine atlantische Seeküste;
und der große Umschwung, der mit der zweiten Hälfte des
15. Jahrhunderts sich zu vollziehen begann und der zur
Scheidegrenze zweier großer welthistorischer Epochen wurde,
brachte es mit sich, daß das Schwergewicht der Machtentfaltung zur See sich allmählich von der ersteren zur letzteren
zu verschieben trachtete. Wenn diese Verschiebung auch nur
sehr langsam erfolgte, so trat doch mit dem erwähnten
Zeitpunkte insoferne eine sehr wesentliche Veränderung ein,
als das Mittelmeerbecken hiemit aufhörte, das ausschließliche
Centrum der Weltinteressen zu bilden und für eine geraume
Zeit gewissermaßen in die zweite Linie gedrängt wurde.
Gewaltige, unerwartete Entdeckungen sollten den Raum der
bekannten Erdoberfläche um ein Vielfaches erweitern und,
indem hieburch ein ungeahntes Gebiet der Expansionsfähig-
keit eröffnet und der ganze Pulsschlag der Alten Welt neu
belebt wurde, wurde zugleich der Menschheit Gelegenheit
geboten, den Schauplatz ihres geistigen, materiellen und
politischen Ringens, das seit Jahrtausenden im Mittelmeerbecken culminiert hatte, über die ganze Erdinsel auszudehnen.

*　　*　　*

Hat das Mittelmeer, wie wir im Vorhergehenden
gesehen haben, neben anderen welthistorischen Missionen auch
jene erfüllt, Seewesen und Schiffahrt aus den primitiven
Stadien, die sich überall vorfinden, wo es Wasser gibt,
herauszuheben, auf wissenschaftliche und technische Basis zu

gründen, in ein festes und mustergiltiges System zu bringen
und auf das Niveau einer nach Regeln geübten Kunst zu
erheben, so fällt andererseits das Verdienst, die Weiterentwicklung des Seewesens in die Bahn rascheren und
unabhängigeren Fortschrittes geleitet zu haben, zu großem
Theile dem Atlantischen Ocean zu. Doch ist auch hier die
Wechselwirkung zwischen beiden nicht zu übersehen, und
namentlich nicht außeracht zu lassen, daß der rapide und
überraschende Aufschwung der Schiffahrt auf dem Ocean
nicht möglich gewesen wäre, hätte nicht die feste Systematik
des Mittelmeeres eine sichere Grundlage zum Weiterbau
abgegeben. Desgleichen ist nicht zu vergessen, daß die Ersten,
die diesen Weiterbau mit Glück und Erfolg ins Werk setzten,
die Bewohner der Iberischen Halbinsel waren, welche gleicherweise vom Ocean wie vom Mittelmeere bespült wird, und
daß sie ihre Lehrjahre fast durchaus dem letzteren schuldeten;
daher kann man auch füglich die Portugiesen und Spanier
den Mittelmeervölkern zuzählen.

Allerdings brachte es die geographische Lage Portugal's
mit sich, daß sich die maritimen Unternehmungen dieses
kleinen, aber rührigen und thatkräftigen Landes vorzugsweise
auf die atlantischen Küsten erstreckten. Die Seefahrten der
Portugiesen nahmen eine doppelte Richtung: eine nördliche
zu friedlichen Zwecken, indem vom 12. Jahrhundert an
Portugal den Handelsverkehr der Iberischen Halbinsel mit
Nord-Frankreich, England und Flandern vermittelte; und eine
südliche, hauptsächlich kriegerische, die sich gegen die
Mauren an der Westküste Afrika's kehrte. Mit welchem Per-

ständnis die Portugiesen besonders die commercielle Seite
des Seewesens erfaßten, bezeugt der Umstand, daß bereits
König Alfons II. (1211—1223) eine Seeassecuranz, d. h.
eine Wertversicherung der Schiffe und ihrer Ladungen gegen
Unfälle, errichtete; sie trug hauptsächlich dazu bei, den
portugiesischen Seehandel in hohen Flor zu bringen. Auch
in der Folge wandten die Herrscher Portugal's dem Seewesen große Aufmerksamkeit zu, und waren es namentlich
König Johann I. (1385—1433) und sein berühmter Sohn,
der Infant Heinrich, genannt der Seefahrer (geb.
1394, gest. 1460), die es zu ungeahntem Aufschwung brachten,
und bewußterweise jene große Serie von Entdeckungen
einleiteten, die der Welt eine neue Gestalt geben sollten.
Infant Heinrich, ein Mann von hoher wissenschaftlicher
Bildung, war einer der ersten, in dem auf Grund seiner
mathematischen, astronomischen und geographischen Studien
die Überzeugung von der Kugelgestalt der Erde (eine Überzeugung, die bereits den Gelehrten des Alterthums eigen
gewesen, dann aber wieder verloren gegangen war, und die erst
durch Christoph Columbus' große That ihre unwiderlegliche
Bestätigung gefunden) wieder lebendig geworden war; und auf
Grund dieser Überzeugung ordnete er die wissenschaftliche Ausbildung von Seeleuten und die Vornahme von regelmäßigen
systematischen Entdeckungsreisen an; der Zweck der letzteren war,
den Seeweg nach Indien zu finden. Der wieder erwachende
Glaube an die Kugelgestalt der Erde ließ der Erreichung
des Zweckes zwei Möglichkeiten offen: den Weg nach Osten,
mit der Umschiffung Afrika's, für welche Möglichkeit sich

in den Schriften der Alten und in sagenhaften Überlieferungen
Anhaltspunkte fanden; und den directen, allerdings nur
theoretisch erkannten Weg nach Westen. Infant Heinrich
schlug den ersteren Weg ein, der vor allem die Erforschung
der Westküste Afrika's bedingte; und die rasche Folge von
Entdeckungen, die durch die von ihm ausgesandten Expeditionen
gemacht wurden (Porto Santo 1418, Madeira 1419,
Azoren 1431, Cap Bojador 1432, Cap Verde 1444, Cap
Verdische Inseln 1456 2c.), machte seine Unternehmungen
bei den Portugiesen sehr populär; im ganzen Volke erwachte
die Lust an abenteuerlichen Seefahrten und rühmlichen
Entdeckungen mit elementarer Gewalt, und ergriff bald auch
ihre Nachbarn und Rivalen, die Spanier. Im Laufe des
15. Jahrhunderts entwickelte sich denn zwischen Portugiesen
und Spaniern ein förmlicher Wetteifer im Aufsuchen des
Seeweges nach Indien, wobei die ersteren den Weg nach
Osten, die letzteren den Weg nach Westen zu ihrer Specialität
wählten. Neben wissenschaftlichem Interesse und Abenteuer-
lust war es aber, und zwar ganz vorzugsweise, ein eminent
praktisches, commercielles Interesse, das die beiden Nationen
auf diesen Weg drängte: nämlich das Verlangen, sich des
überaus einträglichen indischen Handels zu bemächtigen.
Die indischen Producte, unter denen namentlich Gewürze
und Specereien in ganz Europa begehrt waren und die
gewinnbringendsten Handelsartikel bildeten, giengen derzeit
mit Überland-Karawanen bis an die syrische und ägyptische
Küste (der wichtigste Stapelplatz war Alexandria), und von
dort auf venetianischen und genuesischen Schiffen nach den

europäischen Häfen des Mittelmeeres, und zwar größtentheils
nach Venedig und Genua; da die beiden Republiken, wie
wir wissen, ihre Schiffahrt auf das Mittelmeer beschränkten,
so war das ganze nördliche und westliche Europa hinsichtlich
des Bezuges der indischen Waren auf die beiden genannten
Stapelplätze angewiesen. Nun hätten Portugiesen und Spanier
auch gerne an dem reichen Gewinne dieses Handels particiert,
konnten aber, bei der überlegenen Machtstellung der beiden
seegewaltigen Republiken, nicht wohl daran denken, diesen
auf dem Mittelmeere selbst Concurrenz zu machen. Dies hätte
einen Krieg auf Leben und Tod bedingt; und mit welcher
Zähigkeit derartige Kriege geführt werden, hatte ja der
130jährige Kampf zwischen Venedig und Genua selbst
bewiesen. Und wenn gar, einem Dritten gegenüber, die beiden
Republiken sich zu gemeinsamer Abwehr verbündet hätten,
wäre der Erfolg mehr als zweifelhaft gewesen. Dagegen
gab die Eventualität der Auffindung des gesuchten Seeweges
nach Indien sowohl Portugiesen als Spaniern ein Mittel
an die Hand, den indischen Handel, ganz ohne Kampf und
Gefahr, von seiner bisherigen Route abzulenken und den
Venetianern und Genuesen allmählig zu entwinden; gelang
die Auffindung, dann hatte sich die Lage der Dinge mit
einem Schlage zu ihren Gunsten geändert, denn dann konnten
die indischen Producte, mit Vermeidung des langen und
beschwerlichen Überlandweges, direct auf Seeschiffe verladen
und nach dem Westen Europa's geführt werden; die Waren
mußten überdies dadurch an Zeit wie an Wert gewinnen,
da die doppelte Umladung in Alexandria und Venedig (oder

Genua) und die damit verbundenen Zölle, Gebüren, Lager-
zinse ꝛc. in Wegfall kamen. Auf dem Ocean aber waren
Portuglesen und Spanier den Mittelmeerstaaten entschieden
überlegen; einmal hatten hier fie den kürzeren Weg, —
der in der Pharaonenzeit, dann zum zweitenmal von den
Ptolemäern hergestellte Canal aus dem Rothen in das
Mittelmeer war längst wieder versandet und unbrauchbar
geworden; — dann hatten sie die Praxis der oceanischen
Reisen voraus, was ihnen jedenfalls eine gewisse Überlegenheit
sicherte. Man ersieht daraus, daß Portuglesen und Spanier
auch einen sehr materiellen Beweggrund und Ansporn für
ihre Entdeckungs-Unternehmungen hatten; und aus diesem
erklärt sich auch die unermüdliche Consequenz und Ausdauer
derselben. Daß das großartigste und folgenschwerste Resultat
ihrer Entdeckungsreisen, die Entdeckung Amerika's, weder
einem Spanier noch einem Portuglesen, sondern einem
Mittelländer, dem Genuesen Christoph Columbus, zu
verdanken ist, ist eine jener sonderbaren Zufälle, in denen
sich die Weltgeschichte zuweilen gefällt, und die man als
„Ironie des Schicksals" bezeichnet; eine Ironie sowohl hinsichtlich der professionellen Entdecker, die den Ruhm der
größten Entdeckung einem Fremden überlassen müssen; und
eine Ironie hinsichtlich Genua's, daß seinen größten Sohn
gezwungen, zum Vortheile Fremder und, ob auch unwissentlich,
zum Verderben der eigenen Vaterstadt zu wirken. Nebenbei
wirft diese Thatsache aber auch wieder ein helles Licht auf
die im Laufe dieser Zeilen so oft hervorgehobenen providentielle
Bedeutung des Mittelmeeres für die Entwicklung der

gesammten Menschheit und zeigt neuerdings, wie jede große
weltbewegende Idee, jede epochemachende geistige Anregung
von hier ausgegangen ist.

Christoph Columbus wurde 1456 zu Genua
geboren; nachdem er seine wissenschaftliche Ausbildung auf
der Universität Pavia erhalten, gieng er im Alter von 14 Jahren
zur See und machte im Dienste René's von Anjou, des ver-
triebenen Königs von Neapel, verschiedene Reisen in die Levante,
später nach England. Sein Aufenthalt in England, von wo aus
er 1477 Island besuchte, dann in Lissabon, von wo aus er
mehrere portugiesische Expeditionen mitmachte, und auf der
Insel Porto Santo (bei Madeira) brachte ihn mit hervorragenden Seeleuten und Entdeckern in Verkehr; dies sowohl
als sein eifriges Studium der Erdkunde machte ihn zum
entschiedensten Vertreter der nur noch in wenigen erleuchteten
Köpfen aufdämmernden Lehrmeinung von der Kugelgestalt
der Erde. Auf Grund dieser festen Überzeugung setzte sich
der geniale und feurige Mann zum Lebensziele, auf dem
Wege gegen Westen die Ostküste Asien's zu erreichen.
Columbus dachte sich die Erde als eine aus Wasser und
Land bestehende Kugel, die man von Osten nach Westen
umsegeln könne; den Umfang dieser Kugel theilte er in
24 „Stunden", jede zu 15 Graden, daher im ganzen zu
360 Graden, eine Eintheilung, die in der Folge bekanntlich
zu allgemeiner Anerkennung und Anwendung gelangt ist.
Er irrte nur insoferne, als er den Durchmesser der Erdkugel und mithin den Umfang des Äquators als viel zu
gering annahm; denn nach seiner Berechnung betrug die

Länge des Äquators der zu seiner Zeit bekannten Erdoberfläche, nämlich vom Meridian der sagenhaften Stadt Thinä
in Indien an bis zu dem Meridian der Azoren, 16 „Stunden"
also zwei Drittel des Erdumfanges, somit blieben nur noch
8 „Stunden" oder ein Drittel des Erdumfanges zu umschiffen
oder zu erforschen, um den Kreis gänzlich zu schließen und
wieder an der vermeintlichen Ostküste Indien's anzulangen.
Nun beträgt aber das Verhältnis der Länge des Äquators
zwischen den beiden genannten Meridianen, bezüglich der als
bekannt und unbekannt angenommenen Erdoberfläche,
nicht wie Columbus annahm 2 : 1, sondern in Wirklichkeit
2 : 6; oder, mit anderen Worten, die bekannte Äquator-
länge war nicht 16 „Stunden" = 240 Grad, sondern nur
etwa 10 „Stunden" = 150 Grad; und es fehlte demnach
zur Kenntnis der gesammten Erdoberfläche, nach Meridian-
abständen am Äquator gemessen, nicht nur ein Drittel,
sondern weit mehr als die Hälfte. Dieser Irrthum schmälert
das Verdienst Columbus nicht im mindesten, macht es aber
erklärlich, daß sowohl er selbst als alle seine Zeitgenossen
keine Ahnung davon hatten, daß das von ihm entdeckte
neue Land zu einem eigenen, gewaltigen Erdtheile gehöre;
noch mehrere Jahre nach der Entdeckung Amerika's hatte
man die feste Überzeugung, die lange gesuchte Ostküste
Asien's (das Land Zipangu), gefunden zu haben und
Columbus selbst nahm diese Überzeugung ins Grab mit;
die Existenz des ungeheuren Oceans, der den größten
Theil der westlichen Halbkugel erfüllt, wurde erst im Anfang
des 16. Jahrhunderts bekannt und in diese Zeit fällt auch

die Richtigstellung der Begriffe über die wahre Größe
der Erde.

Von feurigem Eifer beseelt, die Richtigkeit und Aus-
führbarkeit seiner Theorie zu beweisen, wandte sich Columbus
an seine Vaterstadt Genua um Unterstützung zur Ausrüstung
einer Entdeckungsexpedition; er wurde als Phantast abgewiesen.
Nicht besser erging es ihm in Portugal, das infolge seiner
Vermählung mit einer vornehmen Portugiesin zu seiner
zweiten Heimat geworden war; und nur nach vielen Bemühungen gelang es ihm, 1492, den spanischen Hof für sein
Project zu interessieren, und von diesem die Mittel zur
Ausrüstung seiner Expedition zu erhalten. Vom kleinen
spanischen Hafen Palos aus trat Columbus am 3. August
1492 seine weltberühmte Reise an, mit drei Segelschiffen
(Karavellen) und einer aus 120 Köpfen bestehenden Mannschaft; und am 12. October desselben Jahres hatte er das
gesuchte Land gefunden, indem er vor der Insel Guanahani
(der Bahamagruppe) vor Anker gieng. Nachdem er darauf
noch einige der Antillen entdeckt und einen Theil seiner
Mannschaft daselbst zurückgelassen hatte, trat Columbus die
Rückreise mit 2 Schiffen an, und traf am 4. März 1493
wieder in Europa, an der Mündung des Tejo, ein.

Die Nachricht von der Heimkehr des Columbus und
der von ihm gemachten Entdeckung machte in ganz Europa
ungeheures Aufsehen, obwohl, oder vielleicht eben weil, man
die östliche Küste Asien's gefunden zu haben glaubte. Alle
Seestaaten, nur gerade mit Ausnahme der mittelländischen, machten Anstalten, die neugeschaffene Situation

sofort im eigenen Interesse auszubeuten; und doch laufen die leitenden Fäden der neuen Bewegung, im geistigen Sinne genommen, wieder vom Mittelmeere aus. In dieser Hinsicht ist besonders der beiden Caboto und Amerigo Vespucci's zu gedenken, deren Namen mit der Entdeckung Amerika's im innigsten Zusammenhange stehen.

Der Genuese Giovanni Caboto — er war jung nach Venedig übersiedelt und hatte viele Jahre daselbst gelebt, daher er häufig ein Venetianer genannt wird — und sein Sohn Sebastiano Caboto, geb. 1473 zu Venedig, waren in den Achtziger-Jahren des 15. Jahrhunderts nach England gekommen und hatten sich dauernd in Bristol niedergelassen. Die Stadt Bristol betrieb damals lebhaft den Walfischfang und die Robbenjagd und unterhielt deshalb Verkehr mit Island, welches den Jägern als Ruhepunkt und Stapelplatz diente. Caboto der Ältere betheiligte sich an diesen Unternehmungen, wurde mit Island und den nördlichen Meeren bekannt und vertraut, und kam im Verlauf seiner Reisen, ganz gleichzeitig mit Columbus, aber ganz unabhängig von diesem, auf die gleiche Idee, nämlich die, von Westen aus die Ostküste Asien's zu erreichen. Vom Jahre 1490 an, also zwei Jahre früher, als Columbus seine epochemachende Fahrt antrat, machte Caboto diesbezügliche Versuche, die anfänglich erfolglos blieben; als aber 1493 die Nachricht nach England drang, daß Columbus auf gleichem Wege wirklich Land gefunden habe, setzte Caboto seine Bemühungen mit verdoppeltem Eifer fort; unterstützt von König Heinrich VII., rüstete er 1494 eine größere

Expedition aus und entdeckte, begleitet von seinem Sohn
Sebastian, am 24. Juni desselben Jahres auch wirklich das
Festland des nordamerikanischen Continents, das er als
erster Europäer betrat (Columbus selbst fand das Festland,
und zwar von Süd-Amerika, erst auf seiner dritten Reise,
1498). Gleich Columbus glaubte aber auch Caboto, die
Ostküste Asien's gefunden zu haben; nur vermeinte er nicht
auf der Insel Zipangu (Japan), sondern im Lande Kathai
(China) zu sein. Auf einer zweiten Reise, die Caboto 1497
unternahm, nahm er das Land (einen Theil der Labradorküste)
für Englands Krone in Besitz; und als er, nach England
zurückgekehrt, 1498 starb, setzte sein Sohn Sebastiano Caboto
die Entdeckungen mit Glück und Erfolg fort, und zwar,
mehrmals abwechselnd, im Dienste Englands und Spanien's;
für ersteres nahm er die Neu-Englandküste, Neufundland
und die sogenannten Hudsonsballänder in Besitz, während er
im Dienste Spanien's Süd-Amerika durchforschte. Was für
eine Gestalt hätte wohl die Welt angenommen, wenn
Columbus und die beiden Caboto die neuentdeckten Länder
nicht für Spanien und England, sondern für ihre Vaterstädte
Genua und Venedig in Besitz genommen hätten?!

Und als den Nachfolgern der ersten Entdecker die
Erkenntniß aufdämmerte, das neue Land könne doch nicht
wohl zu Asien gehören, als die Auffindung seiner Westküste,
der Anblick des Stillen Oceans klar machte, es bilde dasselbe einen eigenen Erdtheil, von dessen Existenz man bisher
keine Ahnung gehabt, da machte sich das Bedürfniß geltend,
diesem neuen Erdtheile einen Namen zu geben. Der Name

aber, der für denselben in Vorschlag gebracht und sofort
allgemein angenommen wurde, führt wieder geradenwegs zum
Ideenkreise des Mittelmeeres zurück. Ein italienischer Seemann, Amerigo Vespucci, geb. 1451 zu Florenz, ließ
ihn her, obschon es zweifelsohne richtiger und billiger gewesen
wäre, den Erbtheil nach dem Entdecker zu benennen. Man
hat daher später gegen Amerigo den Vorwurf der Arroganz
erhoben, jedoch mit Unrecht, wie A. v. Humboldt nachweist;
Amerigo ist ohne sein Zuthun und ohne sein Wissen dazu
gekommen, daß sein Name in Amerika vereinigt werde,
und hat sich jedenfalls so große Verdienste erworben, daß
er der Ehre nicht unwürdig erscheint; er hat die Ausrüstung
der zweiten und dritten Expedition des Columbus besorgt,
hat theils auf spanischen, theils auf portugiesischen Schiffen
selbst mehrere Reisen nach der Neuen Welt gemacht (eine
derselben als selbständiger Befehlshaber), hat die ersten
genauen Beschreibungen derselben verfaßt, und hat namentlich die brasilianische Küste eingehend erforscht. Sein Name
wurde durch die Veröffentlichung seiner Schriften so bekannt
und populär, daß der Vorschlag des Herausgebers der
„Quatuor Americi Vespuccii navigationes", den noch
namenlosen Erbtheil nach dem Autor zu benennen, ohneweiters
Anklang fand. — Zwei Genuesen, ein Venetianer und ein
Florentiner sind demnach die ersten, durch welche die Existenz
der Neuen Welt zur Kenntnis der Alten gelangt; läßt sich
da nicht mit einigem Rechte behaupten, daß die Erschließung
der westlichen Halbkugel vom Mittelmeere ausgegangen sei?

Die nächste Folge der Erschließung derselben war ein

wahrhaft fieberhafter Wetteifer der Nationen, sich in Erweiterung der Entdeckungen und in der Besitznahme ferner Länder den Rang abzulaufen. Während die S p a n i e r den von Columbus eingeschlagenen Weg weiter verfolgten und eine Expedition nach der andern nach Amerika sandten, die im Laufe weniger Decennien unter Führern wie H o j e d a , P i n z o n , P o n c e   d e   L e o n , B a l b o a , C o r t e z , P i z a r r o , A l m a g r o ꝛc. den größten Theil des Continentes entdeckten und eroberten, kehrten die P o r t u g l e s e n mit erneutem Eifer auf ihre alte Idee zurück, den Weg nach Indien mittelst der Umschiffung Afrika's zu suchen. Zwar hatte B a r t h . D i a z schon im Jahre 1486 das Cap der Guten Hoffnung gefunden, war aber von dort, ohne weiter nach Osten vorzubringen, wieder umgekehrt; nun, nach erfolgter Entdeckung der Neuen Welt, und mit dem Regierungsantritte König Emanuel's des Großen (1495—1521) wurden die Versuche mit äußerster Energie wieder aufgenommen und führten auch alsbald zu dem gewünschten Resultate. V a s c o d e   G a m a umschiffte 1498 glücklich das Cap der Guten Hoffnung und gelangte als Erster zu Schiff bis Indien, an die Küste Malabar; P e d r o A l v .   C a b r a l fand 1500, nach Indien segelnd und durch Stürme im Atlantischen Ocean westwärts abgetrieben, die Küste von Brasilien, die er für Portugal in Besitz nahm, umschiffte dann das Cap (bei welcher Gelegenheit dessen erster Entdecker, B. Diaz, umkam), erforschte die Ostküste Afrika's und gelangte dann ebenfalls nach Indien. In Indien konnte allerdings bei der dichten Bevölkerung des Landes und der hohen Culturstufe

11*

des Volkes nicht von einfacher Besitzergreifung die Rede
sein, wie in den Wildnissen Amerika's; doch gründete Cabral
Handelsniederlassungen und schloß Handelsverträge mit den
indischen Fürsten, die den Portugiesen zu einer bedeutenden
Machtstellung verhalfen. Sie setzten sich alsbald in Goa an
der Westküste Indien's fest und machten diese Inselfestung
zum Standplatz einer gewaltigen Kriegsflotte. Gestützt auf
letztere, und durch kluge Benützung der internen Streitig-
keiten der indischen Fürsten gelang es dann den portugiesischen
„Vicekönigen" in Indien, deren erster Almeida war, und
dem der geniale Albuquerque folgte, die factische Herrschaft über ganz Süd-Asien, von Ormus bis zur Halbinsel
Malacca und einschließlich der Inselwelt des Sundaarchipels,
an sich zu reißen; selbst mit China und Japan wurden
Verbindungen angeknüpft, und fand im letzteren Reiche das
durch portugiesische Missionäre gepredigte Christenthum große
Verbreitung. Durch diese kolossalen Erfolge wurde Portugal
zu Anfang des 16. Jahrhunderts wie mit einem Schlage
zu einer Großmacht ersten Ranges und zur ersten Seemacht
der Welt, seine Hauptstadt Lissabon zur reichsten und wichtigsten Handelsstadt der Zeit, die selbst Venedig in den
Schatten stellte; allerdings dauerte diese Herrlichkeit nur
kurze Zeit, denn schon um die Mitte des Jahrhunderts trat
infolge unglücklicher Kämpfe gegen die Mauren in Afrika
ein rascher Verfall ein, der durch die Niederlage König
Sebastian's bei Alcassar, 1578, so gründlich besiegelt wurde,
daß Portugal für einige Zeit sogar seine staatliche Selbständigkeit einbüßte.

Auch Spanien's Macht wuchs durch die Entdeckungen in ungeahnter und rapider und in etwas dauerhafterer Weise als die Portugal's an. Ungeheure, an edlen Metallen und köstlichen Producten überreiche Gebiete fielen ihm fast gleichzeitig zu: Mexico, Peru, Chile, die Orinocoländer, die La Plataländer, der Isthmus von Panama, die Inselwelt der Antillen, Florida, Californien ꝛc. Zudem fand F. Magelhaens (ein Portugiese, aber in spanischen Diensten,) 1520 die lange gesuchte Einfahrt in den Stillen Ocean, indem er die Südspitze des Continents in der nach ihm benannten Meerenge umschiffte, in den Stillen Ocean eindrang, in demselben die Inselgruppen der Ladronen und Philippinen entdeckte und für Spanien in Besitz nahm und dergestalt die letzte Lücke im Umkreise der Erdkugel schloß; ihm selbst war es wohl nicht vergönnt, diese erste vollständige Weltumseglung zu vollenden, da er in Manila im Kampfe mit den Eingeborenen getödtet wurde, doch seine Mannschaft kehrte auf dem Wege um das Cap nach Spanien zurück. So faßte denn Spanien auch im östlichen Asien und im Stillen Ocean Fuß, und Kaiser Karl V., der die spanische Königs- mit der deutschen Kaiserkrone gleichzeitig auf seinem Haupte vereinigte, konnte wohl mit Recht behaupten, daß in seinem Reiche die Sonne nie untergehe. Bei alledem verstanden es aber auch die Spanier nicht recht, den ungeheuren Zuwachs an Territorium, Macht und Reichthum gehörig und dauerhaft auszubeuten; es fehlte ihnen der richtige Handelsgeist, wie er z. B. die Portugiesen beseelte, und der durch den maßlosen Golddurst, den die Schätze der

Neuen Welt in ihnen erweckten, nichts weniger als ersetzt
werden konnte. Zudem mangelte ihnen das Geschick zum
Colonisieren und zum Civilisieren ganz- oder halbbarbarischer
Völker; der harte politische Druck und die Unduldsamkeit in
religiösen Dingen, welche die spanische Herrschaft charakte-
risierten, machten sie verhaßt und untergruben in Europa
selbst die Grundlagen ihrer Macht. Das Mutterland wurde
durch die gewaltsame Vertreibung und Ausrottung der spanischen Mauren zum Theil entvölkert und seiner gewerb-
fleißigsten Bewohner beraubt; und die in der zweiten Hälfte
des 16. Jahrhunderts beginnende Bedrückung der Niederländer machte dies hochintelligente und energische Volk zu
Todfeinden der Spanier und trieb es zu einem blutigen
Aufstande, dessen Unterdrückung die besten Kräfte der spanischen Monarchie absorbierte und trotzdem nicht gelang.
Sie konnte es nicht verhindern, daß die Niederländer nicht
nur von ihr abfielen und zu einem sehr kräftigen Staatswesen heranwuchsen, sondern auch noch ihr einen guten Theil
ihrer überseeischen Besitzungen entrissen, nämlich die meisten
jener portuglesischen Besitzungen in Ost-Asien, die durch die
vorübergehende Annexion Portugal's an Spanien gekommen
waren. Ganz Central- und ein großer Theil von Süd-Amerika
blieb zwar noch durch lange Zeit im Besitze der Spanier;
allein das starre und despotische Regierungssystem derselben
ließ diese so überreichen Länder zu keiner rechten Entfaltung
und materiellen Blüte kommen, so daß auch das Mutterland
nicht den gehörigen Nutzen aus ihnen zog; und der ganze
kolossale Territorialbesitz konnte nicht verhindern, daß Spa-

nien, vom 17. Jahrhundert angefangen, von jener Großmacht-
und besonders Seemachtstellung allmählich herunterſank.

In nicht so ſtürmiſcher und von augenblicklichem
Erfolg begleiteter Weise, wie seitens Portugal's und Spanien's, dafür aber viel weitausblickender, ſtaatsklüger und zäher,
wurde Columbus' Entdeckung von England aufgefaßt und
nutzbar gemacht. Es wurde bereits gesagt, wie unmittelbar
nach derselben die beiden Caboto die Oſtküſten Nord-Amerika's
für England in Beſitz nahmen; dabei aber hatte es nicht
ſein Bewenden. Das rauhe, unwirtliche, von ſpärlichen
wilden Jägervölkern bewohnte Nord-Amerika konnte keine
Compensation bieten für die reichen und einträglichen Erwerbungen der Spanier und Portugiesen; und da Mittel- und
Süd-Amerika von diesen schon occupiert war, so wurde seitens
der Engländer versucht, ihnen in Ost-Asien den Rang abzulaufen. Besonders in der zweiten Hälfte des 16. Jahrhunderts
wurde es zu einer wahren Nationalleidenschaft der Engländer,
einen neuen, von den spanischen und portugiesischen Gewässern
Amerika's unabhängigen Weg im Norden des Continents nach
dem Stillen Ocean zu finden; es entstand die eifrige, mit
unermüdlicher Ausdauer durch zwei Jahrhunderte fortgeſetzte
Suche nach der sog. „Nordweſtlichen Durchfahrt“, die zwar
zu keinem praktischen Resultate führte, aber wesentlich dazu
beitrug, die englische Herrschaft über das ganze nördliche
Amerika auszudehnen und daselbst fest zu begründen. Während
Frobiſher, Davis, Hudſon, dann Hall, Bylot,
Baffin und viele andere die Nordweſtliche Durchfahrt
ſuchten, unterließen es aber die Engländer auch nicht, die

spanischen Besitzungen in West-Indien, im Stillen Ocean (durch die Magelhaens-Straße eindringend) und in Afrika direct anzugreifen; es waren dies zwar keine regelrechten Kriege, sondern anfänglich nur von einzelnen unternehmenden Seefahrern, wie Hawkins, Drake, Cavendish u. a., auf eigene Faust unternommene Expeditionen, denen aber die offenkundige Unterstützung der englischen Regierung höhere Bedeutung verlieh, und die den späteren großen Seekrieg zwischen England und Spanien und den Verfall der Seemacht des letzteren mit vorbereiten halfen. Die große Blütezeit für England's Weltmacht und dominierende Stellung auf der ganzen Erdkugel begann aber mit der ernstlichen Colonisierung Nord-Amerika's, inauguriert 1584 durch Sir Walter Raleigh, und mit der 1600 erfolgten Verbindung einer Anzahl Londoner Kaufleute zur „Ostindischen Handelscompagnie"; die erstere That schuf die kaum bevölkerten Wildnisse Nord-Amerika's in rasch aufblühende, cultivierte, landwirtschaftlich wie industriell höchst productive Ländermassen um, die eine ungemeine Anziehungs- und Aufnahmekraft für die überschüssigen Bevölkerungselemente Europa's bethätigen sollten; und die zweite brachte das Hundertmillionenreich Indien, ohne Eroberungskrieg, nur durch graublos angelegte commercielle Thätigkeit und intellectuelle Überlegenheit, allmählich nicht nur in Abhängigkeit, sondern geradezu in den Staatsverband des Mutterlandes. Die Wirksamkeit der „Ostindischen Compagnie", die in kürzester Zeit zu einer Art Staat im Staate, zu einer sozusagen souveränen Macht wurde, und schließlich auch de jure im Begriffe Großbritannien aufgieng, zeigt so recht augenfällig, um wie vieles richtiger, praktischer und großartiger die Engländer die Aufgabe erfaßten, welche durch die Erschließung der Neuen Welt sich ihnen öffnete, als die Spanier.

Auch die kleinen Niederlande verstanden es in überraschender Weise, aus der Situation Nutzen zu ziehen. Der rege Handelsgeist, der das Volk der Holländer seit Alters beseelt und zur Zeit bereits zu dem reichsten in Europa gemacht hatte (Venedig kann kaum als Nation in diesem Sinne betrachtet werden), fand in den Entdeckungen einen mächtigen Ansporn; seetüchtig und unternehmend, dabei den Blick stets auf das Praktische gerichtet, interessierten sich die Holländer, gleich den Engländern, hauptsächlich für die Auffindung eines neuen Seeweges nach Indien; und während sich die Engländer vorwiegend um die nordwestliche Durchfahrt bemühten, suchten die Holländer (allerdings auch englischen Spuren folgend) eine „Nordöstliche Durchfahrt" um die Nordküste Asien's herum. Zwar fanden die Expeditionen von Barents, Heemskerk u. a. diese Durchfahrt noch nicht; desto glücklicher waren die Holländer aber auf den von anderen gebrochenen Wegen. Der Unabhängigkeitskampf der Niederlande gegen Spanien spielte sich zum großen Theil auf der See ab; und zwar, bei der entschieden überlegenen Seetüchtigkeit der Holländer, auch auf fernen Meeren. Es gelang ihnen namentlich, den Spaniern die ehemals portugiesischen Besitzungen in Ost-Asien zu entreißen und sich im indischen Archipel festzusetzen; auch in West-Indien und Süd-Amerika errangen sie Erfolge; und die Gründung der

„Niederländischen Ost-Indischen Compagnie",
1602, brachte die großen Sunda-Inseln auf gleiche Weise
in den Besitz der Niederlande, und die letzteren zu einer
Weltmachtstellung, wie dies England mit dem Festlande
Ost-Indien's gelungen war.

Auch Frankreich blieb nicht zurück; schon König
Franz I. sandte Expeditionen nach Amerika aus (1623 unter
Verazzani und 1533 unter Jacques Cartier), die
Theile Nord-Amerika's für Frankreich in Besitz nahmen; und,
den Spuren der genannten Seefahrer folgend, entstanden im
17. Jahrhundert französische Niederlassungen in Canada,
Louisiana ꝛc.

Selbst Dänen und Russen betheiligen sich eifrig
an den Entdeckungen, Forschungen und Eroberungen, finden
die (freilich praktisch nicht verwertbare) Nordöstliche Durchfahrt (Beringstraße) und klären namentlich den Norden
der Erdkugel auf.

Während demgemäß in die westlichen und nördlichen
Seestaaten Europa's mit dem Augenblicke der gleichzeitigen
Auffindung Amerika's und des Seeweges nach Indien eine
fieberhafte und zu den kühnsten, abenteuerlichsten Unternehmungen anregende Bewegung kommt, in welcher sich in
buntester Mischung nationale, staatliche und private Interessen,
politische, wirtschaftliche und wissenschaftliche Motive mani-
festieren; während der hiedurch bewirkte Umschwung in den
materiellen und intellectuellen Lebenssphären Europa's den
Anbruch einer neuen welthistorischen Epoche einleitet; während
die rasche und plötzliche Verschiebung in der gegenseitigen

Stellung der Völker und Staaten einen neuen, bisher ganz
unbekannten Gedanken der Welt zum Bewusstsein bringt, der,
als Herstellung des politischen Gleichgewichtes
in ein festes System gebracht, einen bedeutungsvollen Mark-
stein in der culturgeschichtlichen Entwicklung der Menschheit
bildet; wo bleibt, während all dies sich in drängender Hast
vorbereitet und vollzieht, das Mittelmeer, wo bleibt seine
altgewohnte Führerrolle? Wo bleiben während des gewaltigen Umschwunges, der sich im Seewesen vollzieht, die
Seestaaten des Mittelmeeres? Aus dem Mittelmeere, diesem
Brennpunkte des Culturlebens der Menschheit, war der leuch-
tende Strahl ausgegangen, der das Dunkel erhellte, in welches
die Oberfläche der Erdkugel gehüllt war; wo bleibt der
blütenentfaltende, fruchtzeitigende Reflex jenes Strahles?

Es muss in der That auffallen, dass das „Zeitalter
der Entdeckungen" nicht nur nicht beitrug, die Führerrolle
des Mittelmeeres auf dem Gesammtgebiete des Seewesens
zu befestigen, sondern im Gegentheile dieselbe erschütterte;
und zwar muss dies umsomehr auffallen, als zur Zeit
des Beginnes der Entdeckungen Venedig und Genua die
bedeutendsten Seemächte und die ersten Entdecker Söhne
dieser Städte waren. Wenn auch Genua bereits von
seiner einstigen Größe und Bedeutung verloren hatte, so
war doch eben Venedig auf dem Gipfelpunkte der Macht,
des Ansehens und Reichthums, im Besitze der größten Flotte
der Zeit und des Monopols für den indischen Überland-
handel; wie konnte Venedig die Gefahr, die dem letzteren
durch die Entdeckung des neuen Seeweges drohte, so gleich-

müthig hinnehmen, da doch dieser Handel die Hauptquelle
seiner Größe war? Wie konnte es sich der Concurrenz der
Nationen um die Ausbeutung der neugeschaffenen Situation
entziehen?

Um die Antwort auf obige Fragen zu finden, muß
man drei Gesichtspunkte im Auge behalten; diese sind:
1. die Stabilität der Richtung längst eingeschlagener und
zur Gewohnheit gewordener Handelswege; 2. die gleichzeitig
mit der Entdeckungsära auftretende Eroberungslust der
Türken, die das mittlere Europa ernstlich zu gefährden
begann; und 3. das eigenthümliche Schiffahrtssystem des
Mittelmeeres.

Was den ersteren Punkt betrifft, so mochten wohl
Venetianer und Genuesen glauben, daß der indische Handel
den seit Jahrhunderten gewohnten Karawanenzug über Land
bis an die syrischen und ägyptischen Küsten auch trotz des
neuentdeckten Seeweges wenigstens zum größeren Theile
beibehalten werde. Der Seeweg war weit und bei der noch
unvollkommenen Segeltechnik gefährlich; ein Kranz von un-
heimlichen Sagen und abschreckenden Erzählungen wand
sich um das gefürchtete „Cap der Stürme," wie das Cap
der Guten Hoffnung anfänglich genannt wurde, und es war
wohl anzunehmen, daß das erhöhte Risico die atlantische
Seefracht so vertheuern werde, daß sie gegenüber der Land-
karawane keine wesentliche Verwohlfeilung des Transportes
bedeuten könne; namentlich war vorauszusetzen, daß die
Seeassecuranz (die zur Zeit schon allgemeiner zu werden
begann) zu unerschwinglich hohen Prämien greifen und

dadurch lähmend auf den Seehandel einwirken werde;
umsomehr, als die Seefahrer der verschiedenen concurrieren-
den Nationen sich befehdeten und gegenseitig wegkaperten,
wodurch die Unsicherheit des Transportes noch bedeutend
gesteigert wurde. Dann mochte wohl auch auf den starr-
conservativen Sinn aller Orientalen gebaut werden, der sich
gegen jede Neuerung ablehnend verhält und der von Haus
aus mit Mißtrauen und Ungunst auf das Seewesen blickt;
und man kann nicht leugnen, daß die angedeuteten Erwägungen,
vom Standpunkte der Venetianer und Genuesen betrachtet,
einer gewissen theoretischen Berechtigung nicht entbehren.
Nur lassen sie das „Goldfieber" außer Betracht, das durch
die Entdeckungen in Spaniern und Portugiesen erweckt wurde,
und von dessen rücksichtsloser Intensität sich die klugrechnenden
Handelsherren des Mittelmeeres keine richtige Vorstellung
machen konnten; dieses Fieber (bei Spaniern ausschließlich
auf das gelbe Edelmetall, bei Portugiesen mehr auf Gewürze
und Edelsteine gerichtet,) drängte jede Wahrscheinlichkeits-
rechnung, jede kühle Erwägung in den Hintergrund; und
wie es achtlos das eigene Leben in die Schanze schlug, um
mit einem kühnen Wurfe alles zu gewinnen oder alles zu
verlieren, so riß es mit elementarer Gewalt und unwiderstehlicher Energie auch Handel und Verkehr aus seinen
gewohnten Bahnen.

Mehr noch als das Verkennen der weltumgestaltenden
Bedeutung der Entdeckungen mag der zweite Punkt, nämlich
die Türkengefahr, bestimmend auf die Mittelmeermächte,
und besonders auf Venedig, eingewirkt haben, um sie von

der Betheiligung an transoceanischen Abenteuern abzuhalten.
Im Osten Europa's hatte sich eben kürzlich ein gewaltiger
Umschwung vollzogen; die Scheinherrschaft des überlebten
byzantinischen Reiches hatte aufgehört, an seine Stelle war
eine neue und wirkliche Großmacht von asiatischem Ursprung
getreten. Die Türken, schon seit Ende des 14. Jahrhunderts in Europa eingenistet, hatten sich mit der Einnahme
von Constantinopel, 1453, und mit der Unterwerfung von
Morea zu alleinigen Herren der Balkanhalbinsel gemacht;
eine Reihe kräftiger und kriegerischer Sultane, Mohammed II.,
Bajazeth II., Selim I. und Soliman II., schrieb den alten
Anspruch des Islam auf alleinige Weltherrschaft neuerdings
auf ihre Fahne und nahm einen ernstlichen Anlauf, ihn zu
verwirklichen; der Islam begann am Abendland für die
Kreuzzüge Vergeltung zu üben. Venedig, dessen Politik nie
durch religiöse Bedenken beirrt war, that zwar sein Mög-
lichstes, um mit den Türken auf gutem Fuß zu bleiben;
immerhin sah es seine Besitzungen in der Levante und seine
ganze dortige Stellung ernstlich bedroht; und als gar der
große Sieg der Türken über die Ungarn bei Mohács, 1526,
und ihr Zug gegen Wien, 1529, jeden Zweifel an ihren
weittragenden Eroberungsabsichten ausschließen mußte, da
ward es Venedig klar, daß es über kurz oder lang einen
Kampf auf Leben und Tod, einen Kampf um die eigene
Existenz werde mit den Türken auszufechten haben. In
Voraussicht dieses baldigen Kampfes mußte es auf mög-
lichste Concentrierung seiner Kräfte bedacht sein und konnte
diese letzteren nicht wohl in fernen Gegenden und in unver-

weiblichen Ringen mit Rivalen zersplittern. Die Erhaltung
und Vertheidigung seiner levantinischen und griechischen Besitzungen gegen den nahe drohenden Ansturm der Türken war
für Venedig ein näherliegendes und wichtigeres Interesse
als die Erwerbung neuer Besitzungen in fernen Welttheilen;
es mußte sich demnach auf eine feste Defensivstellung
beschränken. In ähnlicher Lage befanden sich auch die übrigen
christlichen Mittelmeermächte, insoweit sie eben nicht durch
den gleichzeitigen Besitz von atlantischen Küsten nach der
neuen Richtung engagirt waren.

Und wenn es neben diesem zwingenden, an und für
sich schon ausreichenden Grunde noch eines weiteren bedürfen
sollte, so fände sich dieser in dem dritten der oben erwähnten
Gesichtspunkte, nämlich in dem Schiffahrts-Systeme des
Mittelmeeres. Wie im Vorhergehenden des Ausführlicheren
dargelegt worden ist, trug das Seewesen des Mittelmeeres
entschieden den Charakter der Binnenschiffahrt im großen;
sein ganzes Wesen beruhte auf der raschen Bewältigung von
Distanzen, die, so bedeutend sie auch an und für sich sein
mochten, doch gegenüber den endlosen Flächen der Oceane
verschwindend erscheinen mußten; und diese endlosen Flächen
mußten durchmessen werden, wenn man in den neuen Wettbewerb
mit eintreten wollte. Die verhältnismäßig kleinen Distanzen
des Binnenmeeres hatten, wie wir gesehen haben, zu einer
hohen, aber etwas einseitigen Entwicklung des Ruderschiff-
Systemes geführt, dieses letztere aber kann aus Gründen,
die zu nahe liegen um einer Ausführung zu bedürfen, auf
dem Oceane keine Verwendung finden, sobald es sich um

mehr als um Küstenfahrt handelt. Demnach standen von
allem Anfange an die Mittelmeer-Seemächte, hinsichtlich ihrer
Stellungnahme zu der Erschließung der Erdkugel vor einer
ganz einfachen und klaren Alternative: entweder Enthaltung
von der Theilnahme oder Fallenlassen des bisher festgehaltenen Schiffbau- und Schiffsahrt-Systemes und Adoptierung eines neuen. Die Lösung der Frage bestand demnach
entweder in einer negativen oder in einer positiven Form,
nämlich entweder in einer Unterlassung oder in einer
That; und hiemit war auch die Entscheidung gleichsam von
selbst gegeben. Die gesammte historische Entwicklung dieser
Seemächte drängte dahin, den negativen Entschluß zu fassen,
der alles beim Alten beließ, während der positive Entschluß
den Bruch mit der Vergangenheit bedeutet hätte; es hätte
dann geheißen, die Theorie des Schiffbaues und die jer-
männische Praxis des Schiffahrtsbetriebes neu zu begründen.
Dazu war bei Venetianern und Genuesen keine Lust vorhanden; sie waren mit der Form, die ihr Seewesen genommen
hatte, mit der erworbenen Routine und mit der durch letztere
erlangten anerkannten Überlegenheit ganz zufrieden, und
hielten an derselben mit großer Zähigkeit fest. Die unter-
geordnete Rolle, die sie bisher der Segelschiffahrt und somit
dem gesammten Takelwerk zugewiesen hatten, hatte, wie
schon früher bemerkt, auf den Fortschritt der maritimen
Technik keinen günstigen Einfluß geübt, denn das fortschrittliche Element der Zeit lag unbedingt in der Vervollkommnung des Segelwesens; und während Venetianer
und Genuesen in Construction und Führung des ihnen

eigenthümlichen Typ's der Galeere unleugbar das Voll-
endetste leisteten, zeigte sich andererseits, dass der Typ selbst
nicht mehr den gesteigerten Ansprüchen der Zeit bezüglich
universeller Verwendbarkeit entsprach; an seine Stelle trat
bei den atlantischen Seefahrern die Karavelle, die durch
die Fahrten des Columbus die Probe ihrer Tüchtigkeit
abgelegt hatte. Allerdings machte sich bei den mittelländischen
Seefahrern seit dem Anfang des 16. Jahrhunderts auch
das Bedürfnis fühlbar, die Segelschiffahrt zu verallgemeinern,
wie wir sofort sehen werden; doch gieng dieses Streben von
einer ganz verschiedenen Basis aus und schlug auch daher eine
andere Richtung ein. Der Karavellentyp fand, als ein aus-
wärtiger, im Mittelmeer keinen Eingang und keine Nachahmung; offenbar wurde hier seine außerordentliche Ent-
wicklungsfähigkeit verkannt; jedenfalls fand der Übergang
aus der Karavelle, durch das Mittelglied der Karracke, zum
Vollschiff der Neuzeit viel rascher und auch vollkommener
statt, als der entsprechende Übergang im Mittelmeere, der sich
theils auf Basis der Galeere, theils auf derjenigen der
Galione vollzog. Es wurde hier unleugbar zu starr an den
altgewohnten Formen festgehalten, und hieburch eine Art
künstlicher Gegensatz zwischen mittelländischer und oceanischer
Seeschiffahrt hervorgerufen, der bei der plötzlichen Erweiterung des Horizontes für die erstere nachtheilig werden musste.
So zweckentsprechend auch in technischer Hinsicht die mittelländischen Typen sich für den Bereich dieses Binnenmeeres
erwiesen, sie ließen nicht die Universalität zu, die den
atlantischen Schiffstypen zukam, und aus diesem Grunde

mußte auch die allgemeine Mustergiltigkeit der ersteren aufhören. Untrennbar mit den Typen ist aber auch das Betriebssystem verbunden; das Betriebssystem des Mittelmeeres
konnte aber auf dem Ocean keine Anwendung finden, die
Adoptierung eines neuen widersprach den Gewohnheiten, den
Ansichten und den praktischen Bedürfnissen der Mittelländer,
und somit ist auch in dritter Reihe der Grund gegeben,
weshalb diese in den Strudel der Zeit nicht mitgerissen
wurden.

Sollte die im Vorhergehenden versuchte Erklärung,
wieso es kam, daß das Mittelmeer von der gewaltigen,
durch die Entdeckung Amerika's eingeleiteten Bewegung
unberührt blieb, zutreffend sein, dann genügt sie auch für
dessen plötzliches Zurücktreten aus der bisher innegehabten
Führerrolle im Seewesen. Bisher war es das internationale
Centrum desselben, weil die wichtigste internationale Handels-
straße und gleichzeitig der allgemeine Tummelplatz aller
welthistorischen Ereignisse, das große Schlachtfeld für die
Völker der Erde gewesen; die Fäden aller die Culturmensch-
heit berührenden Interessen waren hier wie in ihrem natürlichen Mittelpunkte zusammengelaufen; die Entscheidung der
Weltgeschicke hatte sich an und auf dieser verhältnismäßig
so beschränkten Wasserfläche abgespielt: nun war aber plötzlich ein wesentlicher Theil des Weltinteresses aus dem Mittelpunkte an die ins Unendliche erweiterte Peripherie verlegt
worden. Das auf einem Punkte der Erdoberfläche centralisiert
gewesene mobile Culturleben (im Gegensatze zu dem
immobilen und daher unfruchtbaren Culturleben der Ost-

afiaten) hatte sich becentralisiert oder, besser gesagt, es
war eben im Begriffe, den Kern und Krystallisationspunkt
zu neuen Centren anzusetzen; Amerika und das südöstliche
Asien, die reiche Inselwelt des Indischen Oceans wurden
zu Factoren, mit denen die Vorzeit nicht gerechnet hatte,
und die nun unvermittelt mit gebieterischen Ansprüchen ihren
Platz behaupteten. Zwar liefen die Fäden, welche diese neuen
Factoren mit der culturellen und politischen Entwicklung
der Alten Welt in Verbindung setzten, von Europa aus;
aber von dessen äußerstem, oceanbespültem Westen, und in
der Folge, wesentlich verstärkt, von dessen Norden, wo sie
im kräftigen Boden germanischen Volksthums festeren Halt
fanden. So rückte der politische Schwerpunkt Europa's etwas
aus seiner Lage, zuerst gegen Westen, dann nach Nordwesten,
vom Mittelmeere ab; die Verrückungen des Schwerpunktes
aber erzeugten ein gewisses Schwanken, welches für die
Festigkeit des Erdtheiles Gefahren mit sich brachte, so lange
dieser eine spröde Masse blieb. Die Abhülfe für diese Gefahr
fand sich aber gleichsam von selbst durch das zuerst instinc-
tive, dann bewußte Bestreben der einzelnen Staaten, in das
starre Gefüge des Continents mehr Elasticität zu bringen,
um die erschütternden Wirkungen der Schwerpunktsverschie-
bungen abzuschwächen; die Völker und Staaten begannen
sich nun gegenseitig zu controlieren und darüber zu wachen,
daß ihre extensive und intensive Ausbreitung und Entfaltung
in einem gewissen Verhältnisse bleibe und zu keiner einseitigen
Übermacht auswachse. Letztere Controle fand ihren Ausdruck
in der rasch und mannigfach wechselnden Gruppierung der

Staaten zueinander; je nach dem Erforderniſſe des Augen-
blickes verbanden ſich Völker und Staaten zu kurzlebigen
Allianzen und Coalitionen für einzelne beſtimmte Zwecke,
nach deren Erreichung die Verbündeten mit der gleichen
Leichtigkeit wieder zu Gegnern wurden und neue Combina-
tionen eingiengen. Bisher hatte jedes Staatsweſen hauptſächlich nur für ſich gelebt, ohne ſich um ſeine Nachbarn
viel mehr zu kümmern, als durch Eroberungsluſt oder Selbſt-
vertheidigung bedingt erſchien; nun aber zeigte ſich durch
die veränderte Weltlage das Bedürfnis, die Beziehungen
ſämmtlicher Staatsweſen zueinander in ein ſtabiles Syſtem
zu bringen; die Regelung derſelben nach gewiſſen allgemein
giltigen Normen ward alsbald zu einer nach wiſſenſchaft-
lichen Principien geübten Kunſt, der Diplomatie, und
mit dem Inslebentreten der letzteren gelangt auch das
charakteriſtiſche politiſche Kennzeichen der Neuzeit, das
System des politiſchen Gleichgewichtes, in
bewuſste Erſcheinung. Das Entſtehen dieſes ſowohl dem
Alterthume als dem Mittelalter ganz fremden Gedankens
geht ganz unmittelbar aus dem Zeitalter der Entdeckungen
hervor; er fand ſeine erſte Bethätigung in der von Papſt
Alexander VI. im Jahre 1493 ideal gezogenen „Demar-
cationslinie“ zwiſchen den ſpaniſchen und portugieſiſchen
überſeeiſchen Beſitzungen, und machte auch in der Folge die
Vertheilung des Beſitzes in den neuentdeckten Erdtheilen
unter die europäiſchen Mächte zu ſeinem vorzüglichſten
Actionsmittel. Indem nun dieſe fernen Länder und Meere
zu Gewichten und Gegengewichten an der Wage der euro-

päischen Machtvertheilung wurden, benahmen sie dem Mittelmeerbecken einen Theil seiner ausschlaggebenden Bedeutung
für die Gestaltung der letzteren; und wenn auch das Mittelmeer nach wie vor das Pivot blieb, um welches ein großer
Theil der Schwingungen des Gleichgewichtsstrebens vorsich-
gleng, so ziehen sich doch die episodischen Erscheinungen
desselben mehr gegen die neue Peripherie hin. Zu den
episodischen Erscheinungen gehörte aber, der Natur der
Sache nach, in erster Linie die fortschrittliche Ausgestaltung
des Seewesens; es mußte nothwendigerweise in den executiven Organen der Welterschließung seine berufensten Vertreter finden. Und auch unter letzteren mußten diejenigen
im Vortheile sein, deren maritime Entwicklung nicht durch
gleichzeitigen Besitz von mittelländischen und atlantischen
Küsten sich in zwiespältiger Richtung bewegt hatte und
deren Aufmerksamkeit nicht durch das Imaugebehalten von
Mittelmeer und Ocean zugleich getheilt war. Das letztere
war bei Spanien und bei Frankreich der Fall; beide hielten
ihren Blick stets einerseits auf Italien und dessen Besitz,
andererseits auf ihre überseeischen Besitzungen gerichtet und
entwickelten demnach ihr Seewesen in doppelter Richtung,
nämlich in mittelländischem und in atlantischem Sinne; dem
intensiven Fortschritt in technischer Hinsicht konnte dies sich
gegenseitig störende Doppelwesen nicht günstig sein. In vor-
theilhafterer Lage befanden sich jene, von Haus aus mit dem
Meere vertrauten und mit großer Seetüchtigkeit begabten
Nationen, die ihren Blick unbeirrt nur auf den Ocean
richten konnten, wie Engländer und Holländer, namentlich

die ersteren, die infolge der insularen Lage ihrer Heimat die
denkbar günstigste Sonderstellung einnahmen und nach jeder
Richtung freie Hand hatten. Unbedenklich konnten Engländer
und Holländer das System der Ruderschiffahrt, bei ihnen
wenig gebräuchlich und nicht beliebt, nun als überwundenen
Standpunkt über Bord werfen — während Spanier und
Franzosen durch die Verhältnisse genöthigt waren, es theil-
weise beizubehalten —, und sich ausschließlich der Vervollkommnung der Segelschiffahrt widmen; hiemit stellten sie sich
entschieden an die Spitze der fortschrittlichen Bewegung,
welcher allein eine führende Rolle zufallen kann, und wanden
die letztere dem Mittelmeere allmählich aus der Hand. Zwar
fand gleichzeitig und ganz unabhängig von ihnen eine ähnliche Bewegung, angebahnt vom großen Doria, auch im
Mittelmeere statt, und wirkte ihrerseits befruchtend auf das
Seewesen zurück; bei alledem kann nicht verkannt werden,
daß Engländer und Holländer als die hauptsächlichsten
Begründer der zweiten großen Epoche der Schiffahrt, der
reinen Segelschiffahrt, erscheinen und somit der nun folgenden
Epoche des Seewesens ebenso entschieden ihren charakteristischen Stempel aufdrücken, als es das Mittelmeer der vorhergehenden gethan hatte. Der fortschrittliche Charakter der
Epoche erscheint nicht nur im Wechsel des Motors ausgedrückt, sondern gleicherweise in der allmählichen Umformung
des Schiffsrumpfes, der die „runde" Form gegen eine schlan-
kere, schärfere und tiefer tauchende, somit stabilere, eintauscht,
wie dies dem höheren und längeren Wellenschlag des Oceans
entspricht; dann in der auf das geringste Maß reducierten

Benennung, wie dies durch die lange Zeitdauer der Reisen und durch die Rücksicht auf den mitzuführenden Vorrath von Lebensmitteln und Trinkwasser bedingt wird; und ganz besonders endlich in der rein wissenschaftlichen Grundlage, auf der die Schiffahrt sich nunmehr aufbaut. Von dem Augenblicke an, wo das Schiff die wegweisenden Küsten aus den Augen verliert, um in die horizontlosen Wasserwüsten einzubringen, wird jede handwerksmäßige Empirie der Schiffahrt ungenügend und hinfällig; nur die strenge Wissenschaft, die Mathematik und Astronomie, kann dem Schiffer den Ort angeben, an welchem er sich eben befindet, die Zeit anzeigen, deren er zur Erreichung des Zieles bedarf, und ihm den Weg nach dem letzteren weisen. Demnach mußte die Segelschiffahrts-Epoche die nautischen Wissenschaften erst recht zur Entfaltung bringen; waren dieselben auch früher von einzelnen Erleuchteten aus mehr abstractem Interesse gepflegt worden, so wurde nunmehr ihre praktische Anwendung zur unentbehrlichen Nothwendigkeit. Das Studium der Mathematik und Astronomie, der Gestalt und Größe der Erdkugel, der physischen Beschaffenheit des Meeres mit seinen Gezeiten und Strömungen, der gesetzmäßigen meteorologischen Erscheinungen in der Atmosphäre und vieles dergleichen wurde zum Gemeingut der Schiffer, die hiedurch zur gelehrten Welt in innige Fühlung traten; die Land- und Seekarten, nunmehr auf Grund thatsächlicher Messung entworfen, verloren ihre bisherige phantastische märchenhafte Gestalt und wurden zu verläßlichen Führern; und die schrittweise fortgesetzte Aufdeckung der noch unbekannt gebliebenen Theile der Erdoberfläche rief neue Wissenschaften, die Naturforschung, Naturlehre, Geographie, Ethnographie 2c., ins Leben, deren Aufleuchten einen radicalen Umschwung in die Weltanschauung, in die intellectuelle Entwicklung der Menschheit brachte.

Indem das Mittelmeer, wie gesagt, sich von der Theilnahme an dieser wichtigen culturhistorischen Bewegung ziemlich fernhielt, wurde es durch den Drang der Ereignisse nach einer bestimmten Richtung hin etwas in den Hintergrund geschoben; doch darf man nicht übersehen, dass es gleichzeitig eine andere, nicht minder hochbedeutsame culturhistorische Mission erfüllte. Wurde es auch in der Pflege und Entfaltung materieller Interessen vom Ocean überflügelt, so bemächtigte es sich nunmehr für einige Zeit der führenden Stelle in der Pflege der ethischen Interessen der Menschheit. Dies gilt namentlich für Italien, das geographische und intellectuelle Centrum des Mittelmeerbeckens; und wenn die extensive atlantische Ausstrahlung Europa's den realen Wissenschaften zugute kam, so manifestirt sich eine gleichsam intensive Concentrierung mittelländischen Geistes in dem Wiedererwachen des Sinnes für das Ideale. Dieser Sinn war der Welt (mit Ausnahme der sehr mächtig wirkenden Momente des religiösen Glaubens) ziemlich verloren gegangen, fand aber nun, infolge einer höchst verschiedenartigen äußeren Veranlassung, eine neue Wiege und Heimstätte in Italien. Griechische Gelehrte waren in der zweiten Hälfte des 15. Jahrhunderts, vor den ihr Vaterland erobernden Türken flüchtend, in großer Zahl nach Italien gekommen und hatten die sorgsam gehüteten, aber unbenützten oder unverstandenen Schätze classi=

scher Literatur, Poesie, Philosophie und Kunst mit sich gebracht; den begabten, aufgeweckten Italienern aber war, sobald sie mit diesen bekannt geworden, auch sofort das richtige Verständnis dafür aufgegangen, und mit dem feurigsten Interesse warfen sie sich auf die geistige Verwertung derselben. Die Lust am Studium des classischen Alterthums, das einen ungeahnten, verloren gegangenen Reichthum der tiefsten Gedanken, der erhebendsten Empfindungen, der schönsten Anschauungen enthüllte, erwachte und theilte sich von hier aus den anderen Nationen mit; und seine nächste Folge war das herrliche Aufblühen der italienischen Kunst, die Italien zur ästhetischen Leuchte der Welt machte. Das Zeitalter der geographischen Entdeckungen war gleichzeitig das Zeitalter der Renaissance, der geistigen Wiedergeburt, die lediglich vom Mittelmeere ausgieng und in ihren Wirkungen nicht weniger bedeutsam war, als die vom Oceau ausgehende Erschließung der physischen Räume.

Es kann nicht die Aufgabe dieser Zeilen sein, die angedeutete Richtung weiter zu verfolgen; handelt es sich doch hier in erster Linie um das Seewesen! Dagegen muß ausdrücklich betont werden, daß auch im Seewesen des Mittelmeeres der gährende Geist der Wiedergeburt zum Ausdruck gelangte, wenn auch nicht in so überraschend stürmischer Weise als außerhalb desselben. Es entstand ihm nämlich, zu Beginn des 16. Jahrhunderts, ein genialer Reformator in der Person des großen Genuesen Andrea Doria, der, obzwar er nie über die Grenzen des Mittelmeeres hinausgekommen und daher scheinbar nur von localer Bedeutung

geblieben, doch den größten Seemännern aller Nationen und
aller Zeiten beizuzählen ist. Andrea Doria,*) 1468 aus
edlem Geschlechte geboren, begann seine glänzende Laufbahn
als Parteigänger und Condottiere und schwang sich allmählich
zum Oberhaupt seiner heimatlichen Republik Genua hinauf,
deren alten Glanz und Ruhm er wieder herstellte. In dieser
Stellung trat er in ein Allianzverhältnis zu Kaiser Karl V.
und machte sich, indem er in aller Form die Würde und
den Titel eines kaiserlichen Admirals annahm, zum Executiv-
organ der weit aussehenden kaiserlichen Politik auf dem
Mittelmeere. Diese Politik einerseits, das gleichzeitige gewaltige Erstarken der Türkenmacht andererseits und die bereits
erwähnte Tendenz der Zeit nach Herstellung des „europäischen
Gleichgewichtes" bewirkten, dass das Mittelmeer auch fernerhin
der Hauptkriegsschauplatz der Seekämpfe, durch das ganze
16. Jahrhundert hindurch, verblieb. Waren auch bezüglich der
Schiffahrt im allgemeinen und der Handelswege im besonderen
die Oceane bereits in den Vordergrund getreten, so blieb doch
die Aussechtung der Seekriege im großen Stile noch an die
Nähe Europa's gebunden; die Seegefechte, die sich die concurri-
renden Nationen in West- und Ost-Indien, im Atlantischen
Ocean und in der Südsee lieferten, trugen alle mehr weniger
einen episodischen Charakter und liefen zumeist auf Kaperei
und auf Waffenthaten nationalen und persönlichen Ehrgeizes

*) Zur Vermeidung von Wiederholungen verweise ich hier auf
meine Schrift: „Historische Genrebilder vom Mittelmeere"
(Wien, Konegen, 1894', in deren I. Abschnitte die reformatorische
Thätigkeit A. Doria's eingehend geschildert wird.

hinaus; von der Entſendung großer Flotten, mittelſt welcher
Entſcheidungsſchlachten in fernen Meeren geſchlagen werden
ſollten, konnte noch nicht die Rede ſein. Es blieb demnach
der große Seekrieg nach wie vor auf Europa beſchränkt, als
auf den einzigen Erdtheil, wo die Seemächte ihren heimatlichen Sitz hatten, und wo allein große Flotten gebaut und
ausgerüſtet werden konnten; und hier wieder mußte das
Mittelmeer ſeinen alten Rang als wichtigſter Kriegsſchauplatz
behaupten. Während demnach der Ocean ſich entſchieden der
Weiterentwicklung der Handelsſchiffahrt bemächtigte und das
Kriegsweſen nur ſoweit förderte, als dieſes zum Schutz der
erſteren erforderlich war, nahm das Seeweſen des Mittelmeeres
immer ausſchließlicher einen rein kriegeriſchen Charakter an,
mit der ausgeſprochenen Abſicht, die politiſche Action der
Mächte durch gewaltige, zur See geführte Schläge zu unter-
ſtützen und womöglich zur Entſcheidung zu bringen. Und in
letzterer Hinſicht ſetzte die Marine-Reform Doria's ihre
Hebel an. Es konnte dem Scharfblicke Doria's nicht entgehen, daß das ſtarre Feſthalten des mittelländiſchen Seeweſens am Ruderſyſteme auch deſſen kriegeriſche Tüchtigkeit
nicht zur vollen Entfaltung kommen laſſe, indem es die
Schlagfertigkeit einzelner Fahrzeuge ſowohl als ganzer Ge-
ſchwader behindere. Dieſe Erkenntnis wurde hauptſächlich
durch den Umſtand erweckt, daß die großen Verbeſſerungen,
die mit dem Ende des 15. Jahrhunderts im Geſchütz-
weſen platzgriffen, deſſen allgemeine Einführung auf den
Kriegsſchiffen zur Folge hatten. Zwar hatte man ſich der
Kanonen auf den Schiffen ſchon ſeit dem Ende des 14. Jahr-

hunderts bedient, jedoch nur in sehr unvollkommener Weise
und in sehr geringer Zahl (die erste Erwähnung geschieht
derselben bei den Venetianern, beim Kampf um Chioggia,
1379, dann, in etwas wirksamerer Weise, im Kampf bei
Brescello, 1427); seitdem aber, nach dem Vorgange der
Franzosen, in die bisher höchst schwerfällige und unbehilf-
liche Artillerie größere Leichtigkeit und Handlichkeit gebracht
worden war, wollte man auch im Seewesen dieses wirksame
Kampfmittel in größerer Ausdehnung zur Verwendung
bringen, und begann die Kriegsschiffe mit einer großen Zahl
von Kanonen auszurüsten. Bei den Galloneu hatte dies
wohl keine Schwierigkeit, nur erhielten diese langsamen und
schwerfälligen Segler dadurch mehr den Charakter schwim-
mender Batterien, und demnach sehr beschränkte taktische
Verwendbarkeit; bei den eigentlichen Schlacht- oder „Linien"-
schiffen der Zeit, den Galeeren aber, standen Ruderbänke
und Riemen der Aufstellung und Verwendung der Geschütze
hindernd im Wege. Nun wollte Doria weder auf den
Galeerentyp als Schlachtschiff, noch auf die Kanonen verzichten; er fand den Ausweg, daß er die Riemenzahl im
Verhältnis zur Schiffslänge verminderte, um Platz zur
Aufstellung der Kanonen zu gewinnen, zugleich aber der
Takelung eine erhöhte Aufmerksamkeit zuwendete, um den
Verlust an motorischer Kraft durch erhöhte Segelwirkung
auszugleichen. In Verfolgung dieses Strebens vermehrte
Doria die Segel, änderte deren „lateinische", d. h. drei-
eckige, Form in die trapezförmige der Raasegel ab und
gab den Raaen selbst seitliche Verschiebbarkeit (vermittelst

der „Brassen"), um auch seitlichen Wind zum Effect der
gewünschten Courerichtung dienstbar zu machen. Durch Com-
bination der willkürlich veränderlichen Segelstellung mit
der Wirkung des Steuers gab er dem Schiffe eine weit
größere Freiheit der Bewegung und Lenksamkeit, als es
bisher besessen, bei Beibehaltung von dessen Schnelligkeit
und erhöhter Kampffähigkeit; und hieburch wurde Doria
einerseits zum Schöpfer einer neuen Seetaktik, andererseits zum ersten systematischen Begründer des Segelmanövers, der größten und wichtigsten Reform, die das
Seewesen überhaupt seit dem Alterthum aufzuweisen hat.
Wenn auch, wie wir früher gesehen haben, sich Spuren des
Segelmanövers, später verloren gegangen, bereits im Alterthum finden; und wenn auch das Raasegel sich bei den
atlantischen Seefahrern schon seit langem im Gebrauch zeigt,
mithin Doria vielleicht nicht als Erfinder des Segelmanövers
angesehen werden kann, so bleibt ihm doch unbestritten der
Ruhm, dasselbe als erster systematisch angewendet, ver-
vollkommt und auf Kriegsfahrzeuge im einzelnen sowohl
wie im Geschwader übertragen zu haben. Hiemit schuf er
gleichzeitig eine neue Art der Schiffahrt, die, als combinirte
Ruder- und Segelbewegung, wesentlich dazu beitrug, den
vom Zeitgeist geforderten Übergang von der Ruder- zur
reinen Segelschiffahrt auch im Mittelmeere zu beschleunigen.
Doria selbst hielt zwar den Riem noch für einen wesentlichen Bestandtheil des Kriegsschiffes und dachte nicht daran,
ihn gänzlich abzuschaffen; doch war seine Reform in ihren
Folgen weittragender, als er es selbst geahnt hatte und

führte, von seinen Landsleuten und von den Venetianern
ergriffen und weiter ausgebildet, allmählig zu der Erkenntnis,
daß das Segelwesen nicht nur zur freien Beweglichkeit von
Kriegsschiffen genüge, sondern auch dem Riem überlegen sei.
Namentlich erfuhr durch die Beschränkung und allmähligen
Wegfall der Riemen der Kampfwert des einzelnen Schiffes
eine bedeutende Steigerung; die Geschütze, bisher nur an
Bug und Heck verwendbar, konnten nunmehr an den Breit-
seiten zu Batterien vereinigt und in beliebiger Weise vermehrt werden und an Stelle der für das eigentliche Gefecht
ganz unbrauchbaren, ja geradezu schädlichen Ruderselaven
konnte die Zahl der Combattanten vermehrt werden. Die von
Doria bevorzugte Kampfweise behielt zwar die alte Stoßtaktik
der Galeere bei, und gieng dem Breitseiten-Geschützkampf
nach Thunlichkeit aus dem Wege, unterschied sich jedoch von
der früheren Taktik durch die Einführung des Segelmanövers
in das Gefecht, wodurch eine häufige Frontveränderung
ermöglicht und die Fähigkeit geboten wurde, mit großer
Raschheit dem Gegner die schwache Seite abzugewinnen;
bestand früher der Seekampf hauptsächlich in einem ein-
maligen Aneinanderprallen der feindlichen Massen, so wurde
er nunmehr zu der Kunst, den Gegner durch geschickte
Evolutionen in eine ungünstige Stellung hineinzumanövrieren.
In dieser Kunst, die in der raschen Lenkung des Schiffes
durch veränderliche Segelstellung wurzelte, erwies sich Doria
als der Lehrmeister seiner Zeit; daher fanden seine Neuerungen,
namentlich seine Verbesserungen der Schiffstakelung und die
Beweglichkeit der Raa'en, auch bei den atlantischen See-

fahrern Eingang und Nachahmung, da diese Verbesserungen
sich für oceanische Handelszwecke ebenso brauchbar erwiesen
als für mittelländische Kriegszwecke; und in diesem Sinne
muß Doria als ein bahnbrechender Reformator des gesammten Seewesens betrachtet werden. Übrigens ist, wie
dies in einer geistig so regsamen und experimentiv strebenden
Übergangsperiode gar nicht anders möglich ist, eine gegenseitige Beeinflussung und Befruchtung oceanischen und mittelländischen Seewesens nicht zu verkennen; und läßt sich
demnach die Grenzlinie zwischen den eigenthümlichen Errungenschaften des einen und des anderen nicht immer mit
Schärfe ziehen. Dies gilt besonders auch für die Entwickelung
der Segeltechnik, und sei diesbezüglich als Beispiel
angeführt, wie die Takelung der Karavellen beschaffen
war, mit denen 1492 Columbus, Doria's Landsmann und
Zeitgenosse, seine erste Entdeckungsreise antrat. Das Admiralschiff, die „Santa Maria", hatte 4 Maste, von denen der
Fockmast zwei Raasegel übereinander, die drei übrigen je
ein lateinisches Segel führten; desgleichen die Karavelle
„Pinta"; die Karavelle „Nina" hingegen hatte drei Maste,
von denen der Fockmast zwei, der Großmast aber nur ein
Raasegel führte, während der Kreuzmast mit dem lateinischen
Segel versehen blieb. Wie man sieht, finden sich bei diesen
Fahrzeugen die Elemente der alten atlantischen und der
alten mittelländischen Takelung durcheinandergemischt. Es
mag nun dahingestellt bleiben, ob Doria die horizontale
Raa selbständig erfand, oder nur nach atlantischem Muster
adoptirte; sicher ist aber, daß er sie zuerst im Mittelmeere

einbürgerte und durch die wesentliche Verbesserung der „Braffe" vervollkommnete, sowie daß, nach seinem Vorgange, das lateinische Segel als Hauptsegel überall in Wegfall kam und nur noch als Hilfssegel (Klüver, Stagsegel) verwendet wurde; daß endlich die unverhältnismäßig hohe und lange lateinische Raa, die der Stabilität des Fahrzeuges durch ungünstige Vertheilung des Winddruckes nachtheilig war, beseitigt und auf die entsprechendere Form der Gaffel des Kreuzmastes reduciert wurde. Das Wesentliche der Reform Doria's bestand demnach darin, daß er in das veraltete und unpraktische System der „lateinischen Takelung" eine erste Bresche legte und es durch Formen ersetzte, deren hohe Entwickelungsfähigkeit sich den gesteigerten Ansprüchen an die Universalität der Schifffahrt anpaßte; daß er den richtigen Weg wies, der zur Vollschiff-Takelung, dem charakteristischen Kennzeichen der Segelschiffahrts-Periode des Seewesens, führte; und daß er damit, wenn auch unbeabsichtigt, das Aufhören der inhumanen Institution der Rudersclaverei vorbereitete, die wie ein schwerer Schatten auf dem Seewesen des Mittelmeeres lag. Infolge dieser Wirkungen verwischte sich auch allmählig der starke Gegensatz, der bisher zwischen oceanischem und mittelländischem Seewesen bestanden hatte und konnte letzteres, wenn auch weniger intensiv und originell, so doch in universalerem Sinne sich an den Bestrebungen einer neuen Epoche betheiligen.

Vorderhand machte hier allerdings, im Zeitalter Doria's, noch ein anderes Element seinen Einfluß geltend,

und zwar nicht in fortschrittlichem Sinne: Die Herrschaft
der Türken, die sich über den ganzen Osten und Süden des
Mittelmeeres erstreckte. Von den Türken, in deren nationalem
Charakter sich die Beschaulichkeit, Indolenz und indifferente
Gleichgiltigkeit des Orients potenziert äußert, war wohl
nicht zu erwarten, daß sie neue Ideen und Formen in das
ihnen freude und unsympathische Seewesen bringen würden;
immerhin aber bemächtigten sie sich desselben, da es den
Eroberungsgelüsten ihrer kriegerischen Sultane unentbehrlich
war, mit einem gewissen Eifer, wenn auch ohne viel Geschick,
und blieben demnach nicht ganz ohne Einfluß auf dessen
locale Gestaltung. Sie adoptierten zwar durchaus dessen
äußere Form, so wie sie diese bei der Besitznahme der
Küsten daselbst vorfanden, nach Bau, Einrichtung und
Betriebsweise der Schiffe; auch in das innere Wesen brachten
sie kaum einen nationalen Zug, denn der Türke gieng als
echter Orientale nicht gern zur See und überließ dies lieber
den unterworfenen christlichen Unterthanen, namentlich den
Inselgriechen; dagegen wandten sie das ebenfalls echt
orientalische Princip, alles ins Kolossale, Gigantische zu
steigern, auch auf das Seewesen an. Dennoch suchten die
Türken das, was ihnen zur See an Lust zum Beruf, an
Geschicklichkeit und Befähigung gebrach, durch imponierende
Größe und Zahl zu ersetzen. Mohammed II. ließ sofort
nach der Eroberung Constantinopel's ungeheure Schiffswerften und Arsenale daselbst und in Gallipoli errichten,
die berühmten Dardanellenschlösser, die die Einfahrt in die
Meerenge bewachen, erbauen und eine Flotte von nicht

weniger als 320 Galeeren auf einmal herstellen; unter
seinen Nachfolgern, besonders Selim I. und Soliman II.,
wurde der betretene Weg weiter verfolgt, und namentlich auf
kolossale Dimensionen der Schiffe, der zu ihrer Armirung
verwendeten Kanonen, auf zahlreiche Bemannung und dergleichen Gewicht gelegt. Natürlich konnte diese Richtung auch
auf die maritimen Gegner der Türken, die christlichen Seemächte des Mittelmeeres, nicht ganz ohne Einfluß bleiben, da
man den neuen Mitteln mit ähnlichen Gegenmitteln begegnen
mußte, und so hatte das Auftreten der Türken zunächst
eine weitere Vermehrung der Kriegsflotten und Steigerung
der üblichen Schiffsdimensionen zur Folge. Die unerschöpf-
lichen Hilfsmittel des osmanischen Reiches in dieser seiner
Blüteepoche, die ihm sowohl das beste Schiffbaumaterial
jeder Art, als auch das zur Bemannung der riesigsten
Flotten erforderliche Menschenmaterial in reichster Fülle zur
Verfügung stellten, hätten ihm unbedingt das entschiedene
Übergewicht zur See sichern müssen, wenn dem nicht die
seemännische Unbeholfenheit der Türken und (um einen gut
österreichischen Ausdruck zu gebrauchen, dessen Prägnanz sich
durch keinen anderen wiedergeben läßt,) die namenlose
„Schlamperei" orientalischer Administration im Wege gestanden wäre. Die Sorglosigkeit, Lässigkeit und souveräne Ver-
achtung des Orientalen für jede consequent durchgeführte
realistische Thätigkeit, sowie die sprichwörtlich gewordene
„Paschawirtschaft" mangelhaft controlirter eigennütziger
Beamter ließ auch die gewaltigste Machtentfaltung türkischen
Seewesens stets nur Stückwerk bleiben, in welchem nichts

recht ineinandergriff; so wurde z. B. das zum Schiffbau
nöthige Holz nie zum Vorrath und nicht zur richtigen
Jahreszeit, sondern nur dann geschlagen, wann man es eben
brauchte; entstanden dann auch, auf ein Machtwort des
Sultan's und unter plötzlicher Aufbietung ungeheurer Kräfte,
hunderte riesiger Fahrzeuge gleichzeitig wie auf einen Zauber-
schlag, so waren sie meist aus nassem grünen Holz gebaut,
das, kaum vom Stapel gelassen, verfaulte, so daß die
Schiffe leck und unbrauchbar wurden, noch ehe sie den
Hafen verließen. In den Arsenalen und Werften wurden
keine ständigen Arbeiter gehalten, sondern nur dann berufen,
wenn man rasch eine Flotte ausrüsten wollte. „Dann wurde
allerdings in unglaublich kurzer Zeit viel geleistet, aber auch
alles, zum größten Nachtheil für tüchtige Ausführung, ungemein übereilt.... Denn auch bei der Construction wurde
mit der größten Leichtfertigkeit verfahren, und namentlich das
sonst noch erforderliche Material auf die unverzeihlichste Weise
geschont oder vielmehr unterschlagen und veruntreut. Wo
z. B. zwei Nägel oder Bolzen hingehörten, schlug man nur
einen ein; waren zwei Lagen Theer nöthig, so ließ man es
bei einer bewenden; und wenn etwa zwanzig Centner Werg
zum Kalfatern einer Galeere gebraucht wurden, glaubte man
schon mit zehn übrig genug gethan zu haben. Viele Schiffe
blieben daher auch kaum auf dem kurzen Wege von den
Werften im Schwarzen Meere bis nach Constantinopel see-
haltig." (Zinkeisen, Geschichte des osman. Reiches, IV. Buch,
1. Capitel.) Nicht anders war es mit den Benannungen der
Schiffe bestellt, die auf den Soldlisten allein vollzählig waren,

13*

thatsächlich aber zum größten Theil fehlten, damit der Sold
in die Tasche des „Reis" (Capitäns) fließen könne; wurde
das Schiff dann ausgesandt, so warb der Reis in aller Hast
Neulinge an, denen jede Übung und Erfahrung mangelte.
Unter solchen Umständen ist es erklärlich, daß die Türken
troß ihrer glänzenden Tapferkeit und ihres Fanatismus, sowie
troß ihres ausgedehnten Küstenbesißes keine dauernde Herrschaft
über das Mittelmeer begründen konnten.

Den Sultanen und leitenden Staatsmännern der
Türken selbst blieben diese Mißstände nicht verborgen und,
an der Möglichkeit ihrer Sanierung verzweifelnd, verlegten
sie das Hauptgewicht ihrer maritimen Bestrebungen in die
Mitwirkung der ihnen nominell unterthänigen Glaubens-
brüder an der Nordküste Afrika's. Hier hatten sich, wie
schon öfter erwähnt, mehrere Staaten gebildet, die, mit
einheimischen Berbern und Resten der arabischen Eroberer
bevölkert, unter dem Namen Barbareskenstaaten
(Marocco, Algier, Tunis, Tripolis und Fez,) in intensivster
Ausübung der Seeräuberei ihren ausschließlichen Daseinszweck erblickten und erfüllten. So sehr die unerhört ver-
wegene Piraterie der Barbaresken eine stete und höchst
ärgerliche Belästigung der Mittelmeerländer bildete, so
blieb sie doch nicht ohne Einwirkung auf die fortschrittliche
Entwicklung des Seekriegswesens, indem sie eine continuier-
liche Abwehr erforderte und hiemit den kleinen Krieg in
Permanenz erklärte; der leßtere aber bildete eine vorzügliche
Schule der Übung und Vorbereitung für die großen entscheidenden Aktionen. Die Barbaresken suchten, im Gegensaß

zu den Türken, ihre Stärke nicht in der Größe und Wucht der
Schiffe, sondern in deren Leichtigkeit, Flinkheit und Beweglichkeit, wie sich ja dies bei Kaperschiffen von selbst versteht;
deshalb verlegten sie ihr Hauptaugenmerk auf die Ausgestaltung des Feluckentyp's, in dessen Bau und Handhabung
sie eine ungemeine Fertigkeit erlangten. Mit ihren Flotten
leichter und rascher Feluken suchten die Barbaresken in
regelmäßigen Raubzügen die christlichen Küsten heim (mit
besonderer Vorliebe die Balearen, Corsica, Sardinien,
Sicilien, aber auch das Festland von Spanien und Italien),
und machten im ganzen Mittelmeer auf Kauffahrer Jagd;
meist konnten sie der Verfolgung der langsameren spanischen,
genuesischen und venetianischen Galeeren glücklich entgehen
und mit reicher Beute beladen in ihre heimischen Raubnester
zurückkehren; übrigens scheuten sie auch den Kampf gegen
große Kriegsschiffe durchaus nicht und erfochten manchen
Sieg über ganze Flotten. Auf diese Weise gelangten mehrere
der afrikanischen Piratenhäuptlinge zu Reichthum, seemän-
nischem Ruhm und politischer Macht, die Barbaresken überhaupt aber in den Ruf besonderer seemännischer Tüchtigkeit.
Dieser Umstand bewog die türkischen Sultane, die ja ohnehin
die nominellen Oberherren der ganzen Berberei waren, die
hervorragendsten Piratenhäuptlinge förmlich in ihren Dienst
zu nehmen und sie nicht nur zu Statthaltern in Afrika zu
ernennen, sondern als wohlbestallte Groß-Admirale an die
Spitze des ganzen türkischen Seewesens zu stellen. Eine
Reihe dieser Admirale, unter denen Horuk Barbarossa,
Chaireddin Barbarossa, Hassan-Pascha, Uludsch-

Ali und Torghud (oder Dragut) die berühmtesten sind,
brachte allerdings frischeres Leben und größere Schlagfertigkeit
in das türkische Seewesen; andererseits aber auch, wie dies
bei so inniger Verquickung von staatlichen und privaten
Momenten, von politischen Motiven und persönlicher
Ambition und Gewinnsucht nicht anders sein konnte, eine
gewisse System- und Planlosigkeit; das türkische Seewesen
verlor mehr und mehr den Charakter einer Emanation der
Staatsgewalt, um denjenigen einer zügellosen Räuberei
anzunehmen; es entwand sich mehr und mehr dem Dienste
einer einheitlich geleiteten Politik, um sich in unzusammen-
hängenden episodischen Unternehmungen zu zersplittern.

Auch dieser Umschwung konnte natürlich nicht ohne
Einfluß auf die Gestaltung der maritimen Verhältnisse im
Mittelmeer bleiben; er mußte vor allem zu einer Reaction
seitens der christlichen Seemächte führen, die sich nun der
allzu lecken Behelligung durch die türkische Piraterie zu
erwehren hatten. Eine gemeinsame, consequent durchgeführte
Action derselben war aber durch die Verschiedenheit ihrer
politischen Interessen ausgeschlossen, und daher nahm auch
die Abwehr, von einzelnen kurzlebigen Coalitionen abgesehen,
eine etwas system- und planlose Gestalt an. Ein fester
Zusammenschluß der gesammten abendländischen Christenheit
gegen den Islam, wie zur Zeit der Kreuzzüge, war nun
nicht mehr möglich; zwar beherrschte auch jetzt noch der
Eifer für den Glauben die Gemüther, aber er rieb sich,
infolge der von Deutschland ausgehenden Kirchenspaltung,
hauptsächlich im inneren Kampfe von Christen gegen Christen

auf; und wenn auch die Mittelmeerländer von diesem Kampfe weniger berührt wurden als das nördliche Europa, wenn auch in ersteren die alte Kirche siegreich ihr Übergewicht behauptete, so darf man nicht übersehen, daß dafür hier wieder der streitbare und expansiv-thätige Glaubenseifer durch die Entdeckung neuer Welten eine mächtige Ableitung in die Ferne gefunden hatte; die Gewinnung der Ureinwohner Amerika's, der Indier, Japaner ɪc. für den christkatholischen Glauben erschien hier wichtiger, vom Standpunkt des religiösen Weltinteresses betrachtet, als der Kampf gegen den Islam, dem erfahrungsgemäß kein Terrain abzugewinnen war. War demnach schon vom rein religiösen Standpunkte aus eine festgeschlossene Frontstellung der Christenheit gegen den Halb-mond gegen früher sehr erschwert, so fand sie überdies ein neues Hindernis in dem von der Staatskunst der Zeit neu aufgestellten Systeme des politischen Gleichgewichtes, das sich leichten Herzens über religiöse und ethische Motive hinweg-setzte, und in Erhaltung des vermeintlichen Gleichgewichtes um die Mittel nicht verlegen, in Allianzen nicht scrupulös war. Es ist ein natürlicher Ausfluß dieses Systemes, daß von der Gründung des europäisch-osmanischen Reiches an sich Frankreich schützend und fördernd an dessen Seite stellte, nicht etwa aus nationaler oder geistiger Wahlverwandtschaft, aber deshalb, weil Frankreich das europäische Gleichgewicht, unter welchem Begriffe es mit aufrichtigster Überzeugung die eigene Hegemonie über den Erdtheil verstand, durch die im Hause Österreich erblich gewordene römisch-deutsche Kaisermacht, und besonders die aufblühende österreichische

Hausmacht, gefährdet fah. Vom deutfchen Reich, deffen
maßlofe Berfplitterung und ganze Berfaffung jede aggreffive
Belleität ausfchloß, hatte wohl Frankreich nicht viel zu
beforgen; dagegen fah es fich allerdings durch die Hausmacht
der Habsburger, die über Burgund, die Niederlande und
das ungeheure fpanifche Reich herrfchten, von allen Seiten
umklammert; und als diefe Macht gar noch, durch die
Kronen der Königreiche Ungarn und Böhmen, fich auch
gegen Often weiter ausbreitete, hielt es die franzöfifche
Politik für geboten, fich mit deren natürlichem öftlichen
Gegner, den Türken, zu verbünden, um dem weiteren An-
wachfen der habsburgifchen Macht ein Gegengewicht ent-
gegenzufetzen. Auf diefe Weife erhielten die Türken eine
ihnen felbft unerwartete chriftliche Allianz im Mittelmeer,
und konnte fchon aus diefem Grunde eine gemeinfame
Abwehr der chriftlichen Mächte nicht platzgreifen. Aber auch
bei den übrigen zeigte fich durchaus keine Übereinftimmung
in Mitteln und Zielen; die Genuefen, die ihre Pofitionen
im Schwarzen Meer und in der Levante bereits früher an
die Türken verloren hatten, konnten fich nicht wohl für die
Idee begeiftern, die noch übrigen venetianifchen Befitzungen
vertheidigen zu helfen; die Venetianer felbft, die am unmittel-
barften bedroht waren, fuchten mit Rückficht auf die Freiheit
oder beffer Duldung, ihres levantinifchen Handels jeden
ernften Bruch mit dem osmanifchen Reiche nach Möglichkeit
zu vermeiden, oder, wenn dies durchaus unmöglich war,
wenigftens mit thunlichfter Rafchheit wieder einen modus
vivendi herzuftellen; die Spanier waren nach zu vielen

Richtungen zugleich in Anspruch genommen, um ihre Kräfte
an einem Ort concentrieren zu können; und nur eine einzige
der kleineren Seemächte, nämlich der Orden der Johanniter
der nach der Vertreibung aus Rhodus, 1522, sich in Malta
festgesetzt hatte, machte mit dem Seekriege gegen die Türken
wirklich und für die Dauer Ernst, war aber zu schwach, um
für sich allein entscheidende Erfolge erkämpfen zu können.
Da aber andererseits die Belästigung durch die türkische
Raubsucht und Verwegenheit zu arg war, um ohne Retorsion
seitens der Seemächte zu bleiben, entstand jener Zustand,
der soeben als eine ziemlich plan- und systemlose Abwehr
der Einzelnen gekennzeichnet worden ist, und der, durch das
ganze 16. Jahrhundert hindurch, das Mittelmeer zum
Schauplatz eines allgemeinen Guerillakrieges zur See zwischen
Christen und Türken machte. Allerdings wurde dieser
Guerillakrieg ab und zu durch Actionen im großen
Stile und durch gewaltige Coalitionen unterbrochen, doch
führten letztere infolge der angedeuteten Verhältnisse trotz
der glänzendsten Waffenthaten und trotz ungeheurem Kräfte-
aufwand nicht zu solchen Resultaten, die entscheidend und
richtunggebend in den Gang der Weltgeschichte eingreifen;
sie bilden keine welthistorischen Wendepunkte und Marksteine.
Zum charakteristischen Kennzeichen der Zeit, in maritimer
Hinsicht, wurde dagegen jenes glänzende Condottiere- und
Parteigängerwesen zur See, welches Jurien de la Gravière
in seinem Buche „Doria et Barberousse" mit wahrhaft classischer Anschaulichkeit geschildert hat. Mehr als je
verschwammen um Seewesen und Piraterie zu unentwirrbar

ineinander spielenden Begriffen; und indem hiedurch sich
einerseits persönlicher Thatkraft und seemännischer Tüchtigkeit
ein reiches Feld der Entwicklung eröffnete, kam andererseits
die natürliche Grundlage maritimer Blüte, der völkerverbin-
dende friedliche Handel, zu immer größerem Schaden. Je
mehr durch den Kampf Aller gegen Alle die Unsicherheit
und Gefahr für den Kaufmann wuchs, desto mehr zog sich
der Seehandel, der ja schon ohnehin infolge der Entdeckungen
neue Wege eingeschlagen hatte, vom Mittelmeer zurück; und
die großen marine-technischen Fortschritte, die hier gemacht
wurden, konnten, als wesentlich auf Zerstörung gerichtet,
nicht wohl der Schiffahrt als solcher zum Nutzen gereichen.

In das allgemeine Wirrsal ragen, wie gesagt, einige
Actionen im großen Stile hinein; es sind dies die Expeditionen, die Kaiser Karl V. persönlich gegen die Türken
unternahm, 1535 und 1541, und die zwei Coalitionskriege
Spanien's, Venedig's, Genua's, des Kirchenstaates und des
Johanniter-Ordens gegen die Türken, 1537—39, und
1571—72. Es kann und soll an dieser Stelle nicht näher
auf dieselben eingegangen werden, und erlaubt sich Verfasser,
auf seine bereits angeführte Schrift „Historische Genrebilder
vom Mittelmeere" zu verweisen, in deren beiden ersten
Abschnitten, „Andrea Doria", und „Don Juan d'Austria",
sowohl die beiden Expeditionen Karls V. als die Coalitionskriege ausführlicher behandelt sind; es genügt zu constatieren,
daß dieselben wohl das höchste Interesse erwecken und reich
sind an brillanten Waffenthaten, wie z. B. die Eroberung
von Tunis, und die berühmte Seeschlacht von Lepanto, bei

allebem aber nur episodischen Charakter tragen und keine dauernden Umgestaltungen nach sich ziehen. Doch muß auf den Umstand hingewiesen werden, daß in den genannten Unternehmungen ein neues Element, wenn auch nur vorüber- gehend und einer späteren Epoche präludierend, in die Er- scheinung tritt, nämlich die ersten Versuche des Hauses Österreich als selbständige Seemacht im Mittelmeere Fuß zu fassen. Zwar war Karl V. gleichzeitig König von Spanien und römisch-deutscher Kaiser; die österreichischen Erblande hatte er sogar an seinen Bruder Ferdinand abgetreten; und hie- durch hatte sich das Haus Habsburg in zwei Anien, die spanische und die österreichische, gespalten, deren jede in der Folge ihren eigenen politischen Weg verfolgte, umsomehr, als nach dem Tode Karl's die Kaiserkrone dauernd und erblich in der österreichischen Linie verblieb. Auch ist nicht zu leugnen, daß Karl sich in Verfolgung seiner maritimen Absichten und Pläne fast ausschließlich jener Macht- und Hilfsmittel bediente, die ihm der Besitz der spanischen Krone an die Hand gab, sowie auch sein Sohn Don Juan mittelbar aus der gleichen Quelle schöpfte. Bei alledem drängt sich aus vielen Gründen, die hier zu entwickeln zu weitläufig wäre, dem Geschichtsforscher die Wahrnehmung auf, daß sowohl Karl V. als Don Juan d'Austria diese maritimen Absichten und Pläne nicht vom Standpunkte der spanischen Politik, sondern unabhängig von dieser (wenn ihr auch keineswegs zuwiderlaufend), als Habsburger ins Auge faßten und mittelst derselben die Ausdehnung ihrer persönlichen Macht auf das Meer anstrebten; und dies ist

wohl nahezu gleichbedeutend mit dem Bestreben, die österreichische Hausmacht auch auf das Meer zu erstrecken. Das
ganz eigenartige und ohne Analogie dastehende Verhältnis,
in welches Karl zu der „Republik" Genua und deren that-
sächlichem Beherrscher Doria trat, ein Verhältnis, dessen
vorwiegend persönlicher Charakter mit spanischer Politik nichts
zu thun hatte; das mit Schrecken gepaarte Mißtrauen, welches
später Philipp II. gegenüber den glänzenden Erfolgen der von
Don Juan geführten coalierten Flotte zur Schau trug; die
ungerechte Behandlung des Helden von Lepanto und dessen
hinterlistige Beiseiteschiebung; und die gleichzeitigen Ereignisse
in der Adria, namentlich die Gründung der unter dem Namen
der „Uskoken" bekannten österreichischen Seemiliz, — geben
für oblge Auffassung bedeutsame Stützen ab. Ihr widerspricht
auch nicht, daß die ersten Versuche zur Gründung einer kaiserlichen Seemacht im Mittelmeere nicht von Erfolg begleitet
waren und in der Folge längere Unterbrechung fanden.

Überhaupt thut sich in weiterer Folge, während des
ganzen 17. und zum Theil auch noch während des 18. Jahrhunderts, ein immer augenfälligeres Zurücktreten des Mittelmeeres kund, und zwar nach beiden, in diesen Zeilen vor
Augen gehaltenen Hauptrichtungen hin, nämlich sowohl
bezüglich seines welt-, als seines marine-historischen Einflusses. Unverkennbar tritt es, wie von beginnender Alters-
schwäche erfaßt, in die zweite Linie des Weltinteresses,
während neue Elemente, neue Erscheinungen dessen Vordergrund einnehmen und behaupten. Und doch ist diese Alters-
schwäche nur eine scheinbare, nur eine zeitweilige Ruhepause

in zu stürmischem, zu absorbierendem Entwicklungsgange, eine in der ewigen Ökonomie des irdischen Mikrokosmos begründete Erholungsphase zur Sammlung frischer Kräfte. Dem 19. Jahrhundert war es vorbehalten, die Wiedereinsetzung des Mittelmeeres in seine uralte, durch die Natur prädestinierte führende Stellung vorzubereiten und um ein gewaltiges Stück zu fördern; und dem 20. Jahrhundert dürfte es, aller menschlichen Prognose nach, vorbehalten bleiben, es wieder zu dem zu machen, was es seit Jahrtausenden war: zum politischen Mittelpunkte der Erdoberfläche und zum entscheidenden Kampf- und Tummelplatze der die Menschheit rastlos bewegenden Kräfte.

Doch verlieren wir uns nicht in abstrusen Zukunftsbildern, die sich in jedem Hirne verschieden spiegeln, und bleiben wir auf dem realen Boden historischer Thatsachen, die mit Beginn des 17. Jahrhunderts ein temporäres Erblassen der uns beschäftigenden „Mittelmeer-Idee" unverkennbar erscheinen lassen. Die mannigfachen Ursachen der Erscheinung sind in Vorhergehendem insoweit zu erörtern versucht worden, daß wenige Striche genügen werden, das entworfene Bild zu ergänzen und zum Abschluß zu bringen.

Die bereits vorhin erwähnte Verschiebung des Schwerpunktes der europäischen Politik gegen Norden hatte weitere Fortschritte gemacht; nicht nur wegen der immer größeren Ausdehnung und Machtentwicklung der nordwestlichen Seemächte, England und Holland, sondern auch wegen des Umstandes, daß eine der wichtigsten, die Gemüther am meisten bewegenden Fragen der Zeit, die der Kirchenreform,

hauptsächlich in der nördlichen Hälfte Europa's ausgefochten wurde. Das Deutschland nördlich der Alpen wurde
zum Kampfplatz, auf welchem sich alter und neuer Glaube,
beide auf das innigste von politischen Motiven durchtränkt
und secundiert, mit den Waffen in der Hand entgegentraten,
und um diesen neuen Mittelpunkt gruppierten sich, je nach
ihrem Parteistandpunkt, alle übrigen Mächte. Der nördliche
Theil Europa's riß sich allmählig von der alten Kirche los,
die in Rom ihren sichtbaren Sitz und ihr geistiges Centrum
hatte und lockerte hiemit die Fäden noch weiter, die ihn an
das Mittelmeer geknüpft hatten; die Kaisermacht, die sich
diesmal, im Gegensatz zum Mittelalter, mit der Papstmacht
identificiert hatte, wurde in den Kampf mit hineingezogen
und durch denselben beinahe ausschließlich in Anspruch
genommen, wodurch ihre Kraftäußerungen ebenfalls in
nördliche Richtung abgelenkt wurden; und in dem religiös-
politischen Kampfe, der immer entschiedener zu einem Gleich-
gewichtsprobleme wurde, um für die ins Schwanken gerathene
Stabilität des Erdtheiles eine neue Ruhelage zu finden, kamen
Staatengebilde zur Erstarkung, die bisher in zweiter Linie
gestanden waren, nunmehr aber activ und mit großer Energie
in das Weltgetriebe einzugreifen begannen, und hiedurch
theils plötzlich zur Großmachtstellung gelangten, theils die
Erringung derselben für die nahe Zukunft vorbereiteten.
Diese neuen Mächte, die nun für geraume Zeit die politische Entwicklung Europa's nach Norden gravitieren lassen,
sind Schweden, Preußen und Rußland. Allerdings
tritt das religiöse Moment des Eingreifens nur für das

erstere in den Vordergrund, und auch da nur anfänglich, verblaßt bei dem zweiten bis zur Unkenntlichkeit, und steht dem dritten absolut fern; es scheidet überhaupt seit dem Westphälischen Frieden aus der Politik fast völlig aus; desto fester fassen aber die Machtaspirationen der drei neuen Mächte Wurzel, denen theils die Schwäche des durch den dreißigjährigen Krieg bis zur Ohnmacht erschöpften deutschen Reiches, theils der beginnende Verfall des Königreichs Polen ein dankbares Feld der Ambition und Eroberungslust abgeben; und indem sie sich theils untereinander bekriegen, theils mit den nordwesteuropäischen Seemächten Allianzen eingehen, geben sie plötzlich den Verhältnissen des Erdtheiles eine neue Gestalt, in welchem der Norden desselben entschieden in den Vordergrund tritt. Dieses Hervortreten wird umso augenfälliger, als es durch die imponirende und bedeutende Persönlichkeit gewaltiger und genialer Herrscher auf den nordischen Thronen einen individuellen Charakter erhält; Gustav Adolf, dann, ein halbes Jahrhundert später, Karl XII., machen das vorhin fast unbeachtete Schweden zu einer Großmacht von ausschlaggebendem Gewicht (obwohl es sich nicht für die Dauer auf dieser Höhe erhalten kann); der „Große Kurfürst" Friedrich Wilhelm schafft die unbedeutende Mark Brandenburg zum Großstaate Preußen um, dessen Königskrone das Haupt seines Sohnes schmücken, und auf dem Haupte eines späten Enkels sich in die neue deutsche Kaiserkrone erweitern soll; und Czar Peter I. führt das halbbarbarische und zu drei Viertel asiatische Rußland mit despotischer, aber genialer Hand einer nur un-

willig aufgenommenen europäischen Cultur zu und in die
Reihe der europäischen Staaten ein, unter welchen es vom
ersten Augenblicke an eine imponierende Machtstellung einnimmt.

Vor und während dieses bedeutsamen Scenenwechsels
sieht sich die deutsche Kaisermacht, wohl nicht de jure, aber
de facto, mehr und mehr aus dem Reiche verdrängt und
auf Österreich beschränkt; zwar findet sie hier günstigen
Boden, um die habsburgische Monarchie als Großmacht zu
erhalten und neu erstarken zu lassen, hat aber einerseits
durch den fortgesetzten Kampf gegen die Türken, deren
wiederholten Anlauf zur Eroberung des Westens sie abwehrt,
andererseits durch den Kampf gegen die Expansionsgelüste
Frankreichs in Deutschland und Italien und zuletzt noch
durch den Streit um die spanische Erbfolge alle Hände voll
zu thun und muß ihre Kräfte nach allen Richtungen zersplittern. Das Erlöschen der spanischen Linie des Hauses
Habsburg bietet Frankreich die Gelegenheit, seine Ansprüche
auf die Krone Spanien geltend zu machen; ganz Europa
mischt sich, auf Grund der Gleichgewichtstheorie, in den
zwischen Frankreich und Österreich entbrennenden Kampf
ein; Österreich wird hiebei von England unterstützt, macht
dafür aber diesem als Gegenleistung die Concession, ihm
auf allen Meeren völlig freie Hand zu lassen und auf
Errichtung einer eigenen Seemacht zu verzichten. England
benützt sofort die Gelegenheit des spanischen Krieges, um
sich gewaltsam in den Besitz des uneinnehmbaren Felsens
Gibraltar zu setzen, der die Meerenge beherrscht und somit

den Schlüssel zum Mittelmeere bildet; Spanien geht zwar
für Österreich verloren und wird zu französischer Secundo-
genitur, Gibraltar aber verbleibt im Besitze der Engländer
und alle späteren Versuche der Spanier und Franzosen, es
ihnen wieder zu entreißen, bleiben vergeblich. Auf diese
Weise werden die Engländer gewissermaßen zu Herren des
Mittelmeeres, indem sie dessen Ein- und Ausgang nach
Belieben für jedermann sperren können; es wird zu einer
Dependenz des meerbeherrschenden England, zu einer Art groß-
britannischen Binnensee. Schon war nach und nach der Seehandel des Mittelmeeres größtentheils in die Hände der
Engländer übergegangen, wie allerwärts auf der Erdkugel;
nun rissen sie auch noch die politische und militärische
Beherrschung desselben an sich, indem sie sich zu Hütern
der einzigen engen Straße machen, die es mit dem Ocean
verbindet. Zu dieser Suprematie Englands auch innerhalb
der Meerenge von Gibraltar hatte Österreich, wie gesagt,
seine ausdrückliche Zustimmung gegeben; Frankreich wider-
setzte sich ihr zwar, war aber, so mächtig es auch auf dem
Festlande war, nicht glücklich in seinem Seekampf gegen
England, in welchem es meist den Kürzeren zog; und noch
weniger waren die übrigen Mittelmeermächte in der Lage,
dem Umschwung der Dinge entgegenzutreten; sie befanden
sich bereits in entschiedenem politischen und wirtschaftlichen
Niedergange.

Am auffälligsten zeigt sich der Niedergang bei der
Türkei, namentlich hinsichtlich des Seewesens. Auf die vorhin
erwähnte Reihe kräftiger und kriegerischer Sultane war eine

Reihe schwacher und üppiger Herrscher gefolgt und sobald
der vom Throne ausgehende Impuls aufhörte, fiel das Volk
in seine natürliche Apathie zurück, aus der es nur noch
zeitweise durch das gelegentliche Auflodern des Fanatismus
gerissen wurde. Die Seemacht wurde vernachlässigt und
gerieth so sehr in Verfall, daß sie sich auf eine defensive
Rolle beschränkt sah und selbst dieser nicht mehr gerecht
werden konnte; sie konnte nicht verhindern, daß gegen das
Ende des 17. Jahrhunderts die Venetianer den Türken ganz
Morea entrissen. Aber auch mit der Landmacht gieng es
rasch abwärts; die vergebliche Belagerung von Wien 1683
bildete den Abschluß der türkischen Expansionsversuche und
den Wendepunkt, mit welchem das osmanische Reich aus
einem Angreifer zu einem Angegriffenen wurde; es wurde
aus Ungarn verdrängt, wo es fast 160 Jahre eine
dominierende Stellung eingenommen hatte und sah sich in
dem Rußland Peter's des Großen einen neuen gefährlichen
Gegner erwachsen, der es von Nordost her bedrängte. Von
da ab hörte die Seemachtstellung des osmanischen Reiches
auf, einen Factor der europäischen Politik zu bilden und sah
sich nur mehr auf den äußersten Osten des Mittelmeeres,
auf das ägeische, Marmara- und Schwarze Meer beschränkt.
Dagegen wuchs von da ab die politische Bedeutung der
Meerengen, die Europa von Asien scheiden, nämlich des
Bosporus und der Dardanellen und es wurde nunmehr
zu einer Aufgabe der europäischen Staatskunst, die wankende
Türkei in dem Besitze derselben selbst künstlich zu erhalten;
denn in dem Maße, als das kolossale und daher das politische

Gleichgewicht störende russische Reich sich gegen die Ufer des
Schwarzen Meeres zu ausbreitete, mußte verhindert werden,
daß es aus demselben einen zu bequemen Eingang in das
Mittelmeer finde.

Nicht so rapid, aber gleichfalls unaufhaltsam gieng
der Rückgang der venetianischen Seemacht vor sich. Der
Reichthum der Republik wurde langsam durch die Abnahme
des levantinischen Handels unterbunden, der ihr, insoweit
er seine alten Wege beibehalten hatte, mehr und mehr durch
die übermächtige Concurrenz der alle Gewässer der Erde
erobernden englischen Kauffahrer abgenommen wurde; und
ihre kriegerische Kraft erschöpfte sich in dem langen, wenngleich vielfach glücklichen Kampfe gegen die Türkei; es trat
eine gewisse Altersmüdigkeit, Zaghaftigkeit und Resignation
an Stelle der ehemaligen Energie und Rührigkeit, welche
die Republik sich immer mehr von der activen Theilnahme
an den Welthändeln zurückziehen ließ. Allerdings gab die
Republik ihr altgewohntes seemännisches Prestige nicht ohne
weiteres und nicht leichten Kaufes aus der Hand; sie raffte
sich sogar, nachdem ihr an den englischen Handelserfolgen
die Überlegenheit des oceanischen Schiffahrtssystemes klar
geworden war, zu einem völligen Bruche mit dem eigenen
Systeme auf, und adoptierte das erstere. Gleich allen übrigen
Seefahrern nahmen auch die Venetianer im 17. Jahrhundert
die englischen Principien des Schiffbaues und Betriebes,
sowie die Normen der neuen Classification an; sie reformierten
namentlich ihre gesammte Kriegsflotte, indem sie den Galeerentyp
auf den Aussterbeetat setzten, und an dessen Stelle reine

14*

Segelschiffe treten ließen (ganz außer Gebrauch kam die
nationale Galeere wohl nie; so behielt z. B. das Prachtschiff,
dessen sich der Doge bei feierlichen Gelegenheiten bediente,
der sog. Bucintoro, stets die Galeerenform). Aber die
Natur selbst legte den Venetianern Hindernisse in den Weg;
wenn diese nun auch Linienschiffe und Fregatten nach
englischem Muster bauten, so waren sie doch, wegen der
durchschnittlichen Seichtigkeit des adriatischen Meeres und
namentlich der venetianischen Küste, gezwungen, diesen Schiffen
einen geringeren Tiefgang und einen flacheren Kiel zu geben,
als es die rationelle Verwendung dieser Typen erheischen
würde; hiedurch wurde die Manövrierfähigkeit der Schiffe
beeinträchtigt, ja selbst ihre Stabilität gefährdet, da die hohe
Takelung mit der geringen Tauchung nicht in Einklang
stand und zuviel Oberlast erzeugte. Daher meint auch Daru
in seiner „Histoire de la république de Venise", daß,
wenn die Republik auch große Linienschiffe von 100 Kanonen
baute, dies mehr eine Sache der Eitelkeit als der praktischen
Bedeutung gewesen sei, indem die neuartigen venetianischen
Kriegsschiffe denen anderer Nationen nicht gewachsen sein
konnten. In diesem Umstande allein liegt bereits ein Element
des Verfalles. Und nicht viel anders stand es, aus demselben
Grunde, mit den neueren venetianischen Handelsschiffen, die
ebenfalls nicht den Tiefgang, und somit auch nicht die
Ladefähigkeit und die Dimensionen der englischen Kauffahrer
annehmen konnten; während die letzteren, (und überhaupt
die oceanischen) immer an Größe wuchsen, und die typischen
Formen der Vollschiffe, (Klipper, Sloop's), der

Briggs, Schooner 2c. annahmen, blieben die ersteren
mehr minder bei ihren alten Maßen und Formen; der
Vollschiffstakelung giengen sie ziemlich aus dem Wege, und
adoptierten, wenn sie schon Dreimaster sein sollten, lieber
die weniger vollkommene Barktakelung, (bei welcher nur
Fock- und Großmast Raaensegel, der Besahnmast aber nur
ein Gaffelsegel führt). Auch konnten sie sich nie ganz von
ihrem historischen Entwicklungsgange loslösen; und basierten
die Venetianer den Übergang zu moderneren Formen mehr
noch als auf die oceanischen Muster, auf die ursprünglicheren
Gallionen- und Feluckentypen. Der Einfluß der letzteren
ist bis in die Gegenwart zu erkennen, und tritt auch in den
modernen Schiffen des Mittelmeeres, wie sie zur Küstenschiffahrt, zur Cabotage und zum Fischfange dienen, in den
Barkschiffen, Schebecken, Tartanen 2c., ja selbst in
den kleinen Trabakeln und Brazzera's zutage, die
wie groteske Überbleibsel einer vergangenen Zeit in die
Gegenwart hineinragen.

Und die übrigen mittelländischen Seemächte? Diese
kamen, als solche, kaum mehr in Frage. Genua war, nach
der kurzen Renblüte unter Doria, zu greisenhafter Schwäche
und Unbedeutenheit herabgesunken, und das einst so mächtige
Spanien war, seit der Vernichtung seiner „unüberwindlichen
Armada" an den englischen Küsten im Jahre 1588 auch vom
Mittelmeere allmählich verschwunden. Mit welch unglaublicher Kurzsichtigkeit die spanische Regierung alles that, um
die Stellung des Reiches zur See zu untergraben und den
Handel zu vernichten, beweisen die geradezu kindischen Ver-

fügungen, die den Handel mit den Holländern, als mit
Ketzern, untersagten, oder die den Seehandel lediglich auf
Tauschhandel beschränken wollten, damit kein spanisches Geld
ins Ausland abfließe! Hand in Hand mit dieser verblendeten
Erdrückung des eigenen Seehandels gieng natürlich auch der
Verfall der Kriegsflotte, und nahm derselbe solche Dimensionen
an, daß bei Beginn des spanischen Erbfolgekrieges von der
gesammten Flotte sich nur zwei Schiffe fanden, die sich als
seetüchtig und ausrüstungsfähig erwiesen. In den Verfall
wurde auch die zu Anfang des 17. Jahrhunderts durch den
spanischen Vicekönig Herzog von Ossuna in die Höhe gebrachte
Seemacht von Neapel hineingezogen, die sich im Kampf gegen
Türken und Venetianer recht tüchtig erwiesen hatte; im übrigen
war aber auch die weichliche, träge Bevölkerung Neapel's
nicht für das Seewesen und besonders nicht für den Seehandel geschaffen; und als durch den Utrechter Frieden Neapel
an Österreich fiel (in dessen Besitz es aber nur bis 1733
blieb), brachte es das bereits angedeutete Bundesverhältnis
dieser Macht zu England mit sich, daß das Seewesen Neapel's
aus politischen Gründen absichtlich vernachlässigt wurde; daß
die spätere Herrschaft der Bourbonen, durch ihre Mißwirtschaft sprichwörtlich geworden, hierein keine Änderung
brachte, versteht sich von selbst. Von Frankreich war schon
die Rede; es ist zur See nie glücklich gewesen. Zwar machte
Ludwig XIV., der mächtigste und gefeiertste Monarch seiner
Zeit, unter dessen glänzender Regierung Frankreich den Gipfelpunkt seines Ansehens erreicht hatte, große Anstrengungen,
um Seemacht und Seehandel zu heben, versplitterte aber

diese Anstrengungen auf zu vielen Punkten der Erdoberfläche, um dauernde Erfolge erreichen zu können. Speciell im Mittelmeere versagten sie fast gänzlich; die von ihm gegründete levantinische Handelscompagnie in Marseille, mit großen Privilegien ausgestattet, konnte die erdrückende Concurrenz der Engländer und Holländer nicht ertragen, und löste sich nach kurzem Bestande auf; selbst Ludwig's Kriegsschiffe, wiederholt gegen die Barbaresken ausgesendet, konnten die lustig fortbetriebene Piraterie der letzteren nicht erdrücken. Die afrikanischen Seeräuber waren klug genug, Engländer und Holländer verhältnismäßig wenig zu belästigen (oder konnten diese sich ihrer besser erwehren); sie hielten sich lieber an die langsameren, schwerfälligeren und dabei doch kleineren Fahrzeuge der mittelländischen Schiffer. Es fanden sich wohl die Barbaresken durch die französischen Arlens-schiffe und durch diejenigen des Johanniter-Ordens auf Malta (der gleichzeitig unter dem Großmeister Raimund Perellos di Roccaful seine Glanzepoche lebte), zuweilen etwas incom-modiert; im großen und ganzen aber waren doch sie es, die unter allen Anrainern des Mittelmeeres die besten Geschäfte machten, und in diesem Umstande findet sich die Signatur der Epoche des Verfalles am prägnantesten ausgedrückt.

Noch tieferer Schatten senkt sich im 18. Jahrhundert herab, in dessen zweiter Hälfte das auf der westlichen Hemisphäre blendend aufleuchtende Licht die Aufmerksamkeit der Welt absorbiert. Bisher war Europa das alleinige geographische wie geistige Centrum der weißen Menschenrace gewesen; nun aber warf sich, mit dem Abfalle der nordamerikanischen Colo-

nien vom Mutterlande England, plötzlich auch der Continent
Amerika als ein zweites Centrum von nicht geringerer
Bedeutung auf; und es wiederholte sich, um ein bereits
gebrauchtes Bild noch einmal anzuwenden, die Erscheinung,
daß die Kreisform des Weltinteresses in eine elliptische Form
übergieng, bei welcher statt des einzigen Mittelpunktes zwei
Brennpunkte die Gravitation beherrschen: Europa blieb nur
mehr der eine Brennpunkt, während Amerika zum zweiten
Brennpunkte wurde. Und anfänglich hatte es den Anschein,
als ob das Schwergewicht der welthistorischen Gravitation
durch das überraschende Inslebentreten eines Factors von
der gewaltigen Bedeutung der „Vereinigten Staaten von
Nord-Amerika" eine Verschiebung nach dem Westen der Erdkugel erfahren solle; doch zeigte sich bald, daß die Rück-
strahlung der neuen Bewegung auf den Osten eine noch
zündendere Wirkung haben und demnach die Gravitation nach
dem östlichen Brennpunkte zurückleiten solle. Im letzten
Jahrzehnt des 18. Jahrhunderts kam bekanntlich in der französischen Revolution eine neue philosophisch-politisch-sociale
Weltanschauung zum Ausdruck und zum Siege, die, geläutert
von den Extravaganzen und Gewaltthätigkeiten ihrer stürmischen Geburt, sich rasch die gesammte Culturwelt eroberte,
und die Basis bildete, auf welcher sich selbher die moderne
Auffassung des Daseins, mit all ihren disparaten Tendenzen
und Zwecken und all ihren erschütternden Kämpfen aufbaut.

　　Der Durchbruch der die Neuzeit leitenden und bewegenden Ideen erfolgte, nach ewigen Gesetzen, unter den hef-
tigsten Krämpfen und erschreckendsten Convulsionen; ja, die

Ideen selbst giengen zeitweise unter im Wüste aufgepeitschter
Leidenschaften; sie erstickten scheinbar in den eruptiv an die
Oberfläche geworfenen Schichten aus unwürdigster Tiefe, in
Blut und Schlamm, in Wahnwitz und Gemeinheit, in Unver-
stand und Bosheit; und es bedurfte einer harten und langen
Schule, um den reinen Kern aus höchst unreinlicher Schale
zu lösen, um ihn genießbar und nährend zu machen. Das
Volk aber, das den Anstoß hiezu gegeben, das in sinnlosem
Taumel sich selbst zerfleischte und trotzdem seine Nachbarn
zu Boden schmetterte, das die Mitwelt mit Schrecken und
Abscheu erfüllte und ihr trotzdem seine Ideen, seine Denk- und
Gefühlsweise aufzwang: das Volk der Franzosen, es drängte
sich gebieterisch und unabweislich in den Vordergrund des
Weltlebens, es machte sich gewaltsam für einige Zeit zum
Mittelpunkte desselben, es legte den Schwerpunkt der Weltgeschicke wieder in die Nähe des Mittelmeeres; und während
es den blutigen Rausch mißbrauchter Freiheit unter der
eisernen Faust eines Machthabers büßte, der es in den noch
blutigeren Rausch des Größenwahnes und der Weltherrschafts-
gelüste hineinpeitschte, bereitete es unbewußt die Wiedereinsetzung des Mittelmeeres in die alten Rechte und namentlich
in das Bewußtwerden seiner prädestinierten Bedeutung vor.
Es ist wiederholt betont worden: der Weltherrschaftstraum
kann nur an den Küsten des Mittelmeeres entstehen; und der
letzte, der ihn geträumt, war der Sohn einer Insel dieses
Meeres, ein Corse.

Eine Insel des Atlantischen Oceans ward dagegen
zum Grabe des Traumes, und auch in diesem Zeichen findet

der oft hervorgehobene Gegensatz von Ocean und Binnen-
meer ein allegorisches Spiegelbild.

Es ist unleugbar eine der unzähligen Folgen der
französischen Revolution, wenn auch nur eine mittelbare,
daß die Blicke der Staatenlenker, seit etwa zwei Jahrhunderten mehr in die Ferne gelenkt, sich wieder mit
wachsender Aufmerksamkeit dem Mittelmeere zuzuwenden
beginnen, da dieses neuerdings zum Schauplatz weltbewegender
Ereignisse wird, und die Entscheidung ebensolcher sich auf
demselben unverkennbar vorbereitet. Zunächst war es die
gewaltsame Expansion der französischen Republik, die nicht
nur Italien in ihre Kreise zog, aber auch nach dem östlichen
Ende des Beckens hinübergriff; der alte Antagonismus
zwischen Frankreich und England flammte mit erneuter
Heftigkeit auf, und suchte sich in Ägypten, dieser wichtigsten
Etappe Englands auf dem Verkehrswege nach der Hauptquelle
seiner Macht, nach Indien, einen neuen Kampfplatz. Die
endgiltige Vernichtung der beiden altersschwachen Republiken
Genua und Venedig, die Eroberung und Republikanisierung
von fast ganz Italien durch die Franzosen, und namentlich
die kühne Expedition Bonaparte's nach Ägypten veranlaßten
England, den Kampf gegen die französischen Eroberungs-
gelüste hauptsächlich in das Mittelmeer zu verlegen; der
Kampf, der durch die Umwandlung der Republik in das
Kaiserreich und dessen ausgesprochene Weltherrschaftstendenz
nur immer neue Nahrung fand, ließ England seine maritimen
Streitkräfte im Mittelmeere concentrieren, und bei der
Überlegenheit derselben seine Machtstellung in demselben nur

immer mehr erstarken. Den Schlüssel zu demselben besaß
es ja bereits mit Gibraltar; seine Seesiege bei Abukir
1798, Trafalgar 1805, und Lissa 1810, sowie neue höchst
wichtige Positionen, die es den Franzosen entriß, (so Malta
1800, Zante 1809 u. s. w.), ließen England als den
eigentlichen Beherrscher des Mittelmeeres erscheinen. Waren
auch die europäischen Küsten desselben zum größten Theil
in die mittelbare oder unmittelbare Gewalt des Napoleonischen
Kaiserreiches gefallen, das Meer selbst blieb in der Gewalt
Englands; und indem letztere Macht ihre Streitkräfte
daselbst concentrirte, und den erfolgreichen Kampf gegen
den französischen Cäsarismus daselbst fortführte, auch noch-
dem derselbe auf dem Continente übermächtig geworden war,
lieferte sie den schlagendsten Beweis dafür, daß die letzte
Entscheidung der Weltgeschicke doch immer nur hier erfolgen
könne und werde. Die Episode der weltumstürzenden Erhebung
Frankreichs in Revolution und Cäsarismus hat das Mittelmeer neuerdings in seine verlorene maßgebende Stellung
eingesetzt, und die großen Oceane neuerdings gleichsam zu
seinen Vasallen gemacht. Selbst der neue westliche Brennpunkt der Erdoberfläche, der gewaltige Continent Amerika,
trat für einige Zeit in den Hintergrund; mit angehaltenem
Athem sah er dem gigantischen Ringen zu, das die alte
Welt durchtobte, und in dem Bestreben Napoleon's gipfelte,
am Mittelmeere den Kern einer neuen Weltmonarchie gleich
der römischen zu gründen; und die Funken, die der europäische
Brand über den atlantischen Ocean sandte, zündeten in
Mittel- und Süd-Amerika, und bereiteten den nahen Abfall

der dortigen ungeheueren spanischen und portugiesischen
Besitzungen von ihren Mutterländern vor. Mit letzterem
Abfalle und der Gründung selbständiger Staaten in Mittel-
und Süd-Amerika kam die bekannte Doctrin des damaligen
Präsidenten der großen nordamerikanischen Republik, Monroe,
zu praktischer Geltung; der Grundsatz nämlich, daß Europa
sich in die Angelegenheiten Amerika's nicht einzumischen
habe. Die Gründung der neuen selbständigen amerikanischen
Staaten jedoch blieb meist nur von localem Interesse, und
ohne wesentlichen Einfluß auf den Lauf der Weltgeschicke;
weder in politischer, noch in cultureller, noch selbst in
mercantilischer Hinsicht vermochten sie eine Stellung einzunehmen, die zu ihren riesigen Arealen in richtigem Verhältniß gestanden wäre. Während die „Vereinigten Staaten
von Nord-Amerika", und selbst die mit dem Mutterlande in
politischem Verbande gebliebenen englischen Colonien in
Amerika, Australien und Afrika einen ungeahnten Aufschwung
nahmen und sich besonders am materiellen Culturfortschritte
eifrigst betheiligten, fielen die Staaten Mittel- und Süd-
Amerika's, wo sich eine herrschende weiße Classe spanischer
oder portugiesischer Nationalität mit der einheimischen rothen
Race zu Mischvölkern von zweifelhafter Qualität umgebildet
hatte, in eine zurückbleibende Entwicklungs- und Culturepoche
und konnten demnach mit der übrigen civilisierten Welt weder
Schritt halten, noch auf diese einen maßgebenden Einfluß
ausüben. Die Losreißung Amerika's von Europa wurde von
letzterem wenig gefühlt: umsoweniger, als sich Europa selbst
in einem Zustande innerer und äußerer Regenerierung befand.

Diese innere und äußere Regenerierung, die mit dem Sturze des Napoleonischen Kaiserthums und des französischen Übergewichtes begann, tritt ganz besonders am Mittelmeere deutlich hervor, und läßt dasselbe, wie ehedem, zum Knotenpunkt werden, in welchem sich die Fäden der Politik concentrieren und um welchen sich die Lösungen der Zeit- und der Zukunftsfragen drehen. Der specifisch mittelländische Geist, der das Ferment früherer Epochen gebildet, dann aber lange geschlummert hatte, erwacht zu neuem Leben, und manifestiert sich nach den verschiedensten Richtungen hin, in politischem, nationalem, commerciellem und technischem Sinne, bald stürmisch vorwärts drängend, bald ängstlich zurückhaltend, neue Bestrebungen fördernd oder hemmend, schaffend oder zerstörend, aber immer wechselvoll und belebt. Die neue Gestalt, die der Wiener Congreß 1814—15 den Machtverhältnissen und der Karte Europa's gegeben, scheint wohl bestimmt, auf lange Zeiten hinaus den Welterei gnissen einen ruhigen Gang auf fester unverrückbarer Grundlage anzuweisen und vorzuschreiben; allein diese lassen sich nicht leicht eindämmen und sprengen, einem anschwellenden Strome gleich, an vielen Stellen das zu eng begrenzte Bett. Immerhin aber bleiben die politischen Resultate des Wiener Congresses, wenn auch als Ganzes bald durchlöchert und später der Form nach aufgehoben, in mancher Richtung von bleibender und maßgebender Wesenheit; so namentlich bezüglich der endlich gefundenen, feststehenden F o r m e l d e s e u r o p ä i s c h e n G l e i c h g e w i c h t e s, die sich in der P e n t a r c h i e ausdrückt, nämlich in der Bezeichnung der fünf

bedeutendsten Staaten, England, Frankreich, Österreich,
Preußen und Rußland, als Großmächte. (Diese Formel hat
auch durch die späteren inneren und äußeren Veränderungen
einzelner dieser Staaten, sowie durch den Hinzutritt einer
neuen sechsten Großmacht, Italien, keine wesentliche Veränderung erlitten.) Desgleichen bezüglich des Umstandes,
daß durch den Congreß das gesammte Gebiet der ehemaligen Republik Venedig, einschließlich der istrischen und
dalmatinischen Küsten, sowie einschließlich der (allerdings
sehr geringen) Reste ihrer Kriegsflotte, Österreich zugesprochen
wurde, wodurch dieses endlich in die Lage kam, seine bisher
sehr beschränkte Stellung am Meere zu einer achtunggebietenden zu machen, und die unerläßliche Vorbedingung
bekam, sich militärisch und commerciell als Seemacht zu
entwickeln; auch stellte dieser Entwicklung nunmehr England,
das Österreich als seinen verläßlichsten und schätzbarsten
Bundesgenossen kennen gelernt hatte, keine Schwierigkeiten
mehr in den Weg.

Was jedoch der Wiener Congreß nicht genügend für
die Dauerhaftigkeit seiner Schöpfungen in Rechnung gezogen
hatte, war die Macht des Einflusses der Ideen, die sich,
von Frankreich ausgehend und von diesem theils direct, theils
indirect und gegensätzlich angeregt, über ganz Europa verbreitet hatten. Hiebei ist nicht so sehr das durch die französische Revolution angeregte und genährte Verlangen nach
Erweiterung der politischen Rechte und Freiheiten und nach
socialer Gleichheit gemeint, welches Bestreben, so nachhaltig
und energisch es auch in den weiteren Gang der Ereignisse

eingreifen sollte, doch an dieser Stelle nicht zum Gegenstand
der Erörterung werden kann; sondern vielmehr das durch
die Gewaltherrschaft der Franzosen über andere Nationen,
also geradezu in gegensätzlicher Weise, erweckte Gefühl
nationaler Eigenart und nationaler Zusammengehörigkeit,
das beinahe in Vergessenheit gerathen war, nun aber
allmählig und mit rasch wachsender Impetuosität jenen
Völkern zum Bewußtsein kam und als Ideal vorschwebte,
die theils politisch atomisiert waren, theils unter fremder
Herrschaft lebten. Die nationalen Einigungsbestrebungen, die
zu den charakteristischesten Erscheinungen des 19. Jahrhunderts gehören, traten in den Mittelmeerländern zuerst
in einer Weise hervor, die zu praktischer Verwirklichung
führen sollte; und wenn die Verwirklichung auch nur
unter heftigen Erschütterungen und zum Theil erst spät
erfolgte, so hat auch hierin wieder das Mittelmeer die
Initiative ergriffen und die Bahn gebrochen, mithin seine
traditionelle Führerschaft bethätigt. Der Drang nach
nationaler Einigung und nationaler Selbständigkeit mußte
umsomehr Eindruck auf die Welt machen, als er eben in
jenen zwei Ländern sich zuerst mächtig äußerte, welche als
die ältesten Heimstätten der europäischen Cultur in Ansehen
stehen, in Griechenland und Italien. Und wenn auch die
heutigen Griechen ein anderes Volk sind als die alten
Hellenen, die heutigen Italiener ein anderes Volk als die
alten Römer, so übte doch das Wiedererwachen von „Hellas
und Rom" aus langem, langem Schlafe einen gewaltigen
Reiz auf die Mitwelt aus. Das Wiedererwachen erfolgte

auf verschiedene Weise und unter sehr verschiedenen Wirkungen; das der Griechen fand die Sympathie der ganzen
gebildeten Welt und die werkthätige Mitwirkung der Mächte
auf seiner Seite, als sie sich in blutigem Kampfe von dem
drückenden Joche der Türken befreiten, 1822—1830, und
sich zu einem unabhängigen Nationalstaat constituierten; die
Einheitsbestrebungen der Italiener hingegen kosteten zwar
nicht weniger Blut, aber weit längere Zeit und eine lange
Reihe von Mißerfolgen, bis sie 1860 zum Ziele führten.
Sie fanden auch weit getheiltere Meinung als die ersteren,
und hatten namentlich den heftigen Widerstand derjenigen
Mächte zu bekämpfen, die an der durch den Wiener Congreß
geschaffenen politischen Basis festhielten. Es kann nicht übersehen werden, daß die Einigungsbestrebungen der Italiener,
wie sie fast zwei Drittel des 19. Jahrhundert's ausfüllten,
einen durchaus revolutionären Charakter trugen, der alten
historischen Rechten, der Gesetzlichkeit, ja selbst der politischen
Moral schnurstracks zuwiderlief, und daß sie in Wahl ihrer
Mittel durchaus nicht scrupulös waren; so fanden sie denn
auch nicht jene Sympathie, die der Erhebung der Griechen,
formell gleichfalls ungesetzlich und rechtswidrig, ungetheilt
entgegengebracht worden war. Aber der schließliche Erfolg,
jene unappellierbare Sanction einer jeden politischen That,
hat den Italienern ebenfalls Recht gegeben, und die Welt
hat sich, theils willig, theils widerwillig, mit der Thatsache
ihrer nationalen und politischen Einigung zu einem Groß-
staat im Centrum des Mittelmeeres abgefunden. Nicht
minder hat der Kampf um die Einigung und das schritt-

weise, wenn auch häufig durch Niederlagen unterbrochene Erringen des Erfolges mächtig dazu beigetragen, das Nationalitätenprincip allerwärts zu verstärken nab hat wesentlich mitgeholfen, die politische Einigung Deutschlands und die Wiedererrichtung des deutschen Reiches in neuer Gestalt vorzubereiten. —

Die Zeit des Unabhängigkeitskampfes der Griechen gegen die Türken, der, der Natur der Sache nach, großentheils zur See ausgefochten wurde und die Einmischung der Seemächte nach sich zog, fällt mit einer, für das gesammte Seewesen hochbedeutsamen Epoche zusammen, nämlich mit dem Beginne der d r i t t e n (und noch gegenwärtig herrschenden) Periode der Schifffahrt, der D a m p f s c h i f f a h r t. Das Mittelmeer hat zwar an der Erfindung des Dampfschiffes, an dessen erster Ausgestaltung, und an der Einführung der Dampfschifffahrt keinen Antheil; doch wird es für die letztere nicht nur dadurch wichtig, daß es in der Folge die Dampfschifffahrt mit ganz besonderer Intensität cultivirte, sondern auch dadurch, daß die Verwendung des neuen Motors für K r i e g s z w e c k e hier zuerst auftritt, eben während des griechisch-türkischen Seekrieges; und daß überhaupt die Geschichte und die Entwicklung des modernen Kriegsseewesens, bezüglich seiner praktischen Erprobung, sich vorzugsweise hier abspielt. Auch gehört eine der wichtigsten und folgenreichsten Verbesserungen des Dampfschiffes im allgemeinen, die Anwendung der P r o p e l l e r s c h r a u b e anstatt der Schaufelräder, (zuerst angewendet durch den österreichischen Techniker Josef Ressel in Triest 1829),

recht eigentlich dem Mittelmeere an, obgleich durch einen
unglücklichen Zufall die Priorität dieser Erfindung und
besonders ihrer praktischen Ausnützung von Engländern und
Franzosen usurpiert worden ist.

Übrigens ist es mit der Anerkennung und Einbürgerung
der epochalen Neuerung, die mit Erfindung des Dampfschiffes ins Leben tritt, überall recht langsam und schwierig
gegangen; die Seeleute aller Nationen setzten dem ersten
bescheidenen Auftreten des Dampfschiffes Mißtrauen und
Geringschätzung entgegen, und wollten demselben Berechtigung
und Befähigung absprechen, sich auf die hohe See hinaus-
zuwagen. Der Erfinder und erste Erbauer eines brauchbaren
Dampfschiffes, der Amerikaner Robert Fulton — mißglückte
Versuche waren bereits vor ihm von andern gemacht
worden — ließ sein Fahrzeug im Jahre 1803 auf der Seine
Probefahrten machen; doch wurde das Auerbieten seiner
Erfindung, das a priori militärische Zwecke im Auge hatte,
sowohl von Napoleon, als später von der englischen Admiralität zurückgewiesen. Fulton kehrte hierauf in seine Heimat
zurück, wo er 1807 seinen berühmt gewordenen Flußdampfer
„Clermont" baute, und mit demselben auf dem Hudson
zwischen New-York und Albany Passagierfahrten begann, die
großen Anklang fanden, so daß sich die amerikanischen
Flüsse alsbald mit Dampfschiffen nach Fulton's System
bevölkerten. Doch hielt Fulton unverrückt an seinem ursprünglichen Plane fest, die Dampfmaschine, (die übrigens
nicht seine, sondern des Engländers James Watt Erfindung
war) zur Bewegung von Kriegsschiffen zu verwenden, und

erreichte auch, daß der Congreß der Vereinigten Staaten
den Bau einer Dampffregatte anordnete; er erlebte aber
deren Vollendung nicht, und starb bereits 1815; die Fregatte
fand wenig Beachtung und keine Nachahmung, bis nicht der
griechisch-türkische Seekrieg, der sowohl in Europa als in
Amerika außerordentliches Interesse erweckte, die Augen der
„Philhellenen" in beiden Hemisphären auf den neuen Schiffstyp
lenkte. Europäische und amerikanische „Philhellenen", (reiche
Privatleute, die sich für den Freiheitskampf der Griechen
begeisterten,) schossen Geldmittel zusammen, 1825, um den
Griechen mit neuartigen Dampf-Kriegsschiffen zu Hilfe zu
kommen; so wurde in England die Dampfcorvette „Karteria",
in New-York die große, mit 64 Kanonen bestückte Dampffregatte „Hellas" erbaut und ausgerüstet, die dann seit Ende
1826 unter dem Commando des berühmten englischen Seehelden Lord Cochrane sich am Seekampfe gegen die Türken
in den griechischen Gewässern betheiligten. Auf diese Weise
war es denn wieder das Mittelmeer, das seinen bahnbrechenden Einfluß im Seewesen zur Geltung brachte, indem
es die Veranlassung bot, das Dampfschiff in die Kriegsmarine praktisch einzuführen; wenngleich hinzugefügt werden
muß, daß die günstige Wendung des Seekampfes für die
Griechen nicht dem Eingreifen der Dampfschiffe zuzuschreiben
ist, die noch unter den Unvollkommenheiten des Anfangs-
stadiums zu leiden hatten, sondern der Einmischung der
Seemächte, indem eine vereinigte englisch-französisch-russische
Flotte die türkisch-ägyptische Flotte bei Navarin vernichtete
1827. Übrigens hatten auch die Griechen selbst schon vorher

15*

manche Erfolge über ihre Gegner davongetragen, indem sie
sich hauptsächlich der Taktik bedienten, die Fahrzeuge derselben
durch Brander anzugreifen und zu zerstören.

Überhaupt wurde die Abneigung der Seeleute gegen
das Dampfschiff — bisher gab es durchaus nur Räderschiffe
— auch durch das Auftreten der genannten philhellenischen
Dampfer im Mittelmeere noch nicht überwunden und schien
der verhältnismäßig geringe Erfolg, mit welchem die letzteren
in die Action eingriffen, die Abneigung zu rechtfertigen.
Der gewaltige Motor des 19. Jahrhunderts, die Dampfmaschine, mußte sich das feuchte Element viel schwieriger
erobern als das Festland und schien auf dem ersteren
anfänglich nur auf den Flüssen sich einbürgern zu wollen.
Wie in Amerika, so begann auch in Europa die regelmäßige
Dampfschiffahrt nur zum Zwecke der Personenbeförderung
auf Flüssen, und zwar zuerst in Schottland, wo Henry Bell's
„Comet" im Jahre 1811 die regelmäßigen Fahrten auf
dem Clyde zwischen Glasgow und Greenock eröffnete. Der
genannte „Comet" ist deshalb von besonderem Interesse,
weil er durch viele Jahre im Gebrauch blieb und in eigen-
thümlicher Weise den Übergang von der Segel- zur Dampfschiffahrt illustriert; er hatte keine Masten, führte aber am
oberen Ende seines hohen Schornsteines ein Raasegel! Der
gute Erfolg dieses Schiffes bewirkte zwar, daß die Flüsse
und Küsten Englands sich rasch mit Dampfschiffen belebten,
die selbst die Nordsee durchquerten, und, seit 1818, auch
auf dem Rhein und der Elbe erschienen; allein auf die
hohe See hinaus wollten sie sich lange nicht wagen! Wohl

machte ein amerikanisches Dampfschiff, die „Savannah“,
bereits 1818 die erste Fahrt über den Atlantischen Ocean
(von Savannah bis Liverpool in 26 Tagen); ein englisches
Dampfschiff im Jahre 1825 die Fahrt von England nach
Ostindien (in 113 Tagen); der Fahrt der „Hellas“ von
New-York nach Griechenland im Jahre 1826 ist bereits
gedacht worden; doch blieben dies vereinzelte Fälle, die mehr
als Curiosum angestaunt, als von praktischer Bedeutung
betrachtet wurden. Und in der That erwiesen sich die großen
Schaufelräder, durch welche die Dampfschiffe in Bewegung
gesetzt wurden, für oceanische Fahrten als nicht günstig;
die großen Belastungen durch das Brennmaterial, das für
lange Fahrten an Bord genommen werden muß, ließen das
Schiff anfänglich zu tief tauchen, als daß die Schaufeln
der Räder mit vortheilhaftem Krafteffect wirken konnten;
am Ende der Fahrt, nachdem die Kohlen aufgebraucht
waren, trat der entgegengesetzte Übelstand ein, das erleichterte
Schiff tauchte zu wenig für die richtige Wirkung der Räder;
die Tauchungsgrenze blieb demnach zu variabel und ließ
sich nicht im vortheilhaften Mittel festhalten. Bei dem Rollen
des Schiffes in bewegter See wieder kam es häufig vor, daß
das eine Rad leer in der Luft wirbelte, während das andere
viel zu tief ins Wasser kam, wodurch höchst ungleicher
Gang der Maschine und des Schiffes bewirkt wurde,
und viel Kraft verloren gieng. Zudem gieng auch durch
die Nothwendigkeit, die äußerst voluminösen Feuerungs-
und Maschinenanlagen in die Mitte des Schiffes zu legen,
der beste Theil des Schiffsraumes für die Ladung verloren.

Die Räder selbst und deren Gehäuse gaben dem Schiffe
eine unmäßige Breite und bildeten äußerst empfindliche und
leicht verletzbare Theile desselben. Diese und noch andere
Übelstände, die bei der Binnenschiffahrt wenig, auf dem
Meere aber sehr bedeutend fühlbar waren, standen der Ausbreitung der Dampfschiffahrt im Wege, so lange diese
ausschließlich auf die Raddampfer angewiesen blieb; dagegen
trat ein großer und rascher Umschwung der Dinge ein,
sobald mit der Anwendung der Propellerschraube anstatt der
Räder die volle Seetüchtigkeit der Dampfschiffe erwiesen war.
Das erste Schrauben-Dampfschiff wurde, wie bereits erwähnt,
im Jahre 1829 von J. Ressel in Triest construiert, wenn
auch nur in Modelldimensionen; leider veranlaßte ein Unfall
bei der Probefahrt desselben die allzu ängstliche österreichische
Polizei, die weiteren Versuche mit der wichtigen Erfindung
der Propellerschraube zu untersagen, und so gieng die Priorität derselben für Österreich verloren. Ein englischer Techniker,
Smith, führte die bahnbrechende Idee Ressel's aus, indem
er im Auftrage der englischen Admiralität den ersten großen
Schraubendampfer für die See, den „Archimedes", baute,
der großen Erfolg hatte und ungeheures Aufsehen erregte,
so daß sich das System nunmehr bei allen seefahrenden
Nationen rasch einbürgerte. Und als nicht lange darauf,
1843, J. Brunel seinen berühmten Schraubendampfer
„Great Britain" ganz aus Eisen herstellte und ihm hiemit
die für Dampfschiffe erforderliche erhöhte Festigkeit verlieh,
war die Eroberung des Meeres für die Dampfschiffahrt
entschieden. Nicht nur vollzog sich nun mit großer Raschheit

die Umwandlung der sämmtlichen Kriegsflotten in Dampfer-
flotten, sondern auch der Handel bemächtigte sich mit Energie
des neuen Schiffahrtsystemes, und namentlich entstauden nun
jene großen transoceanischen Schiffahrts-Compagnien für
Post- und Personenbeförderung, die für den Weltverkehr der
Gegenwart von so unendlicher Bedeutung geworden sind.
Zwar hatte die gelegentliche transatlantische Beförderung von Passagieren bereits im Jahre 1838 begonnen, mit
Brunel's Raddampfer „Great Western" und Laird's Raddampfer „Sirius"; und der Schiffsrheder Sam. Cunard in
Hallfax hatte bereits 1840 eine regelmäßig verkehrende
Postlinie zwischen New-York und Liverpool eingerichtet; allein
der riesige ungeahnte Aufschwung der transoceanischen Post-
und Personenbeförderung datiert erst von der Einführung
der Schraubendampfer her. (Der mit Brunel's weltbekanntem,
in ungeheuerliche Dimensionen ausartendem „Great Eastern"
gemachte Versuch, die Räder mit der Schraube zu com-
binieren (1852), hat zu keinen günstigen Resultaten geführt.)

Wenn aber auch, infolge eines unglücklichen Zufalles
und engherziger Kurzsichtigkeit, das Mittelmeer um den ihm
gebürenden Ruhm gekommen ist, die folgenreichste Neuerung
im Seewesen inauguriert zu haben, so hat es sich doch um
die Einführung und Popularisierung der Dampfschiffahrt im
allgemeinen große Verdienste erworben; und namentlich war
es Österreich, das hier erfolgreich vorangieng. Noch lange,
ehe Smith's und Brunel's obgenannte Schöpfungen die
Augen der Welt auf sich zogen, und ehe noch an die
Gründung maritimer Dampfschiffahrts-Compagnien gedacht

wurde (als deren erste im Mittelmeere im Jahre 1840 die
„Peninsular and Oriental Steamship-Comp." auftrat),
war es eine österreichische Privatunternehmung, die 1830
gegründete Donau-Dampfschiffahrt-Gesellschaft,
welche die Befahrung des Mittelmeeres mit Dampfschiffen
zu regelmäßiger Personen- und Warenbeförderung in ihr
Programm aufnahm. Die genannte Gesellschaft ließ 1834
in Triest den ersten mittelländischen Seedampfer, die „Marie
Dorothee" bauen, der zunächst die Linie Constantinopel—
Smyrna befuhr; bald folgten diesem mehrere andere Dampfer
derselben Gesellschaft nach, die das Schwarze Meer, die
levantinischen und ägyptischen Gewässer befuhren, und das
Unternehmen erfreute sich solcher Prosperität und Beliebt-
heit im Orient, daß eine mittlerweile erstandene englische
Concurrenzunternehmung den Wettbewerb bald aufgab, und
ihre zwei Dampfer an die österreichische Gesellschaft verkaufte. Die letztere befand sich zu Beginn der Vierziger-
Jahre im Besitze von 7 Seedampfern; als aber commercielle
Verhältnisse die Trennung des Donau- vom See-Verkehre
nothwendig machten, und es überdies geboten erschien, einer
anderen einheimischen Unternehmung, der 1836 zu Triest
gegründeten Dampfschiffahrt des „Österreichischen
Lloyd", keine Concurrenz zu machen, verkaufte die Donau-
Dampfschiffahrt-Gesellschaft ihre Seedampfer an den Lloyd,
1845. Hiedurch erstarkte der letztere (der am 12. April
1837 mit einem Dampfer, dem „Erzherzog Ludwig", die
Schiffahrt auf der Linie Triest—Constantinopel eröffnet
hatte,) ganz gewaltig, und wuchs sich, von der Regierung

kräftigst unterstützt, mit großer Raschheit zu einem blühenden und einflußreichen Unternehmen aus, das beinahe den
gesammten levantinischen Verkehr an sich zog und den Osten
des Mittelmeerbeckens commerciell beherrschte. Der Österreichische Lloyd wurde, wenn er auch vorläufig seine Thätigkeit nur auf das Mittelmeer beschränkte, zu einer Schiff-
fahrtgesellschaft, die der Größe ihrer Dampferflotte nach alle
anderen Gesellschaften überragte; er verfügte im Jahre 1847
bereits über 21, und zehn Jahre später gar über 65 Dampfer.
— Eine große Wichtigkeit für den Weltverkehr erlangte das
Mittelmeer weiter durch den Umstand, daß, vom Jahre
1840 ab, England seine Postverbindung mit Ostindien über
dasselbe leitete, indem es die Dampfer seiner „Peninsular
and Oriental-St.*) Nav Cº." (abgekürzt stets „P and O"
genannt) von Southampton nach Alexandria verkehren ließ,
wo Passagiere und Post über die schmale Landenge von
Suez gesetzt, und dann von Dampfern derselben P. and O-
Linie über Aden nach Bombay weiterbefördert wurden. —
Hand in Hand mit der durch die Dampfschifffahrt
unendlich gesteigerten commerciellen Bedeutung des Mittelmeeres mußte auch dessen politische Stellung an maß-
gebendem Einfluß stets wachsen; und in der That, je
weiter das an großartigen Ereignissen und sich überstürzenden
Umwälzungen so überreiche 19. Jahrhundert vorrückt, desto
mehr wird es zum Angelpunkt der Weltpolitik. Die gewaltsamen Machtverschiebungen und das Bestreben, das hiedurch
erschütterte Gleichgewicht künstlich wieder in die Ruhelage
zu bringen und darin möglichst dauernd zu erhalten, treten

---

*) Abkürzung für „Navigation."

immer handgreiflicher in die Erscheinung. An allen Küsten
des Mittelmeeres beginnt es sich zu regen und zu gähren;
nicht am wenigsten an den afrikanischen. Ägypten, die
wichtigste Provinz des türkischen Reiches, und seit der
Statthalterschaft Mehemed Ali's beinahe selbständig geworden, zugleich aber geheimen europäischen Einflüssen sehr
zugänglich, lehnt sich nun offen gegen den Sultan auf, und
beginnt einen erfolgreichen Krieg gegen denselben, 1831;
die Barbaresken der Nordküste, die während der Napoleonischen Kriege, eingeschüchtert durch die Nähe der englischen
und französischen Kriegsflotten, sich ziemlich ruhig verhalten
hatten, erheben neuerdings ihr Haupt, und brechen, aber zu
ihrem eigenen Verderben, in übermüthigem Dünkel einen
ernsten Streit mit Frankreich vom Zaune, 1830. Frankreich,
obwohl zur Zeit eben wieder der Schauplatz einer neuerlichen Umwälzung, verliert nun die Geduld und macht
endlich der Barbareskenwirthschaft definitiv ein Ende, indem
es in mehrjährigem blutigen Kriege ganz Algerien erobert
und als Provinz seinem Staatsverbande einfügt, hierdurch
in Afrika bleibend festen Fuß faßt und die übrigen
Barbaresken wirksam in Schach hält. Die Türkei, als
nomineller Oberherr der ganzen afrikanischen Nordküste,
wurde hiebei nicht viel gefragt; hatten ja alle Ereignisse
der letzten Zeit, der Aufstand der Griechen und die Schaffung
des neuen Königreiches Griechenland, die Auflehnung Ägypten's, die Losreißung der Donauländer, der Verlust der
Donaumündungen und des Kaukasus an Rußland 2c. nur
dazu gedient, den unaufhaltsamen Verfall und die kläglide

Schwäche des türkischen Reiches darzuthun und den „kranken
Mann" dem Raube des Grabes immer näher zu bringen!
Aber eben diese Schwäche und die Voraussicht eines baldigen
Endes ließ eines der dunkelsten Räthsel der Gegenwart und
Zukunft in immer drohenderer, gigantischerer Gestalt erscheinen: die „Orientalische Frage". Das Erbe des kranken
Mannes war noch immer ein überreiches, der Besitz Constantinopel's und der Meerengen allein erschien noch immer
als eine Art Weltherrschaftsschlüssel; und so oft unter den
verschiedenen Anwärtern die Frage aufgeworfen wurde, wer
das Erbe antreten solle oder wie es aufzutheilen sei, schien
sich ein Weltenbrand entzünden zu wollen. Das vielberufene,
wenn auch apokryphe „Testament Peters des Großen" war
dem erschreckten Europa durch Diebitsch' kühnen Zug über
den Balkan wieder einmal recht lebhaft in die Erinnerung
zurückgerufen worden; die thatsächlich maßlose Ausdehnung
des „nordischen Kolosses" erregte Mißbehagen, namentlich
bei dem über seine Weltmachtstellung so eifersüchtig wachenden
England, das die unaufhaltsame Annäherung Rußlands an
Indien als ernstliche Bedrohung fühlte; und so vollzog sich
allmählig, hauptsächlich unter Englands Führung, jener
Umschwung der europäischen Politik, der zu der künstlichen
Aufrechterhaltung des türkischen Reiches führte, um den
Eintritt der gefürchteten Katastrophe seines Zusammenbruches
nach Möglichkeit in die Ferne zu rücken. Es galt nunmehr
die Türkei, die sich selbst nicht mehr ihrer Gegner erwehren
konnte, in Schutz zu nehmen; und wenn man auch die
ganze oder halbe Losslösung ihrer christlichen Unterthanen

vom Reiche, der Griechen, Serben, Rumänen, nicht ungern
gesehen hatte, so sollte diesem wenigstens der Besitzstand an
mohammedanischen Theilen in Europa und Asien gewahrt
bleiben und vor allem die Hauptstadt Constantinopel erhalten
werden.   Der Umschwung war so gründlich, dass er die
uralte Gegnerschaft Englands und Frankreichs begrub und
in ein „herzliches Einvernehmen" verkehrte, das seine Spitze
gegen das begehrliche Russland richtete; und dass wiederholt
Coalitionen europäischer Mächte den Türken im Kampfe
gegen äußere Feinde in wirksamster Weise beisprangen. Im
Jahre 1840 zwang eine vereinigte englisch-österreichische
Flotte den übermüthigen Vasallen Mehemed Ali, das dem
Sultan entrissene Syrien diesem wieder herauszugeben (bei
welcher Gelegenheit die österreichische Flotte zum erstenmale,
und zwar in rühmlichster Weise sich in einer bedeutenderen
kriegerischen Action zeigt), und als im Jahre 1853 Russland zum löblichen Streiche gegen die Türkei ausholte, da
waren es wieder England und Frankreich, die ihm vereint
in den Arm fielen und es in den folgenden Jahren zur
See angriffen. Der Seekrieg 1853—1856 im Schwarzen
Meere, der sich hauptsächlich um die Festungen und Häfen
der Halbinsel Krim drehte, ist für die Marinegeschichte deshalb von Interesse, da hiebei zum erstenmale große Kriegsflotten, die durchaus aus Dampfern bestanden, gegeneinander
in Action traten. Freilich wird andererseits das retrospective
Interesse dadurch abgeschwächt, dass die Kriegsmarinen zur
Zeit des Krimkrieges ein Übergangsstadium von sehr kurzer
Lebensdauer repräsentierten, das bald von der Bildfläche

verschwinden sollte, ehe es zur praktischen Erprobung im
großen Stile gelangt war; denn eigentliche große Seeschlachten
haben in jenem Kriege zwischen den Engländern und Franzosen
und den Russen nicht stattgefunden, während die türkische
Flotte, die 1853 von den Russen bei Sinope vernichtet
wurde, noch durchaus aus alten Segelschiffen bestand. Die
Kriegsschiffe der Engländer, Franzosen und Russen waren
wohl durchaus Dampfschiffe; doch trugen sie, sowohl was
Rumpf als Bemastung anbelangt, noch ganz den Charakter
und Typus der alten Segel-Kriegsschiffe für den Breitseiten-
Geschützkampf, die durch Einsetzung der Dampfmaschine und
durch Anbringung des Schaufelräderpaares oder der Propellerschraube modernisiert erschienen; im übrigen glichen sie,
als hölzerne Schiffe mit Vollschifftakelung und zahlreicher
Bestückung (bis zu 120 Kanonen), den drei- und zweideckigen
Linienschiffen, den Fregatten, Corvetten ic. aus dem Anfange
des Jahrhunderts. Es hatte den Anschein, als ob das, aus
einem Segler zum Dampfer gewordene Kriegsschiff des alten
Typ's sich nicht recht in seine neue Rolle hineinfinden
könne; es fühlte sich durch die Erweiterung gleichsam
beengt, denn noch war die neue Form nicht gefunden, welche
die Befähigung des Dampfers als Schlachtschiff darzuthun
bestimmt war; und in der That lieferte, wie gesagt, der
Krimkrieg diesen Nachweis noch nicht, denn die Russen ver-
mieden möglichst den angebotenen Seekampf, ja sie versenkten
sogar einen Theil ihrer Flotte, um dem Feind die Einfahrt
in den Hafen von Sebastopol zu verwehren. Ebensowenig
nahmen die Russen den Seekampf in der Ostsee an; und

da schon das nächste Jahrzehnt eine tiefgreifende und wesentliche Umwandlung des gesammten Seekriegswesens bringen
sollte, ein Seekrieg größeren Stiles aber mittlerweile nicht
stattfand, so trat die erste Form der Dampf-Marine, die
Ära der hölzernen Dampf-Linienschiffe und -Fregatten, vom
Schauplatze ab, ohne je zur Erprobung gekommen zu sein.
Der Krieg der Westmächte gegen Rußland aber hatte dieses
für einige Zeit vom Mittelmeere abgedrängt, hatte den
Untergang der Türkei aufgehalten und den bisherigen status
quo in Permanenz erklärt; er hatte demnach die in aller
Form aufgeworfene und der ganzen Welt auf der Spitze
des Degens präsentierte Orientalische Frage nicht gelöst,
sondern nur gestundet. Ebensowenig haben seitherige Lösungs-
versuche zu einem endgültigen Resultat geführt, und bis in
die Gegenwart hinein hängt nach wie vor das räthselhafte
Fragezeichen als ferne Wetterwolke am Horizont der Weltpolitik; der Bosporus und der Isthmus von Suez, diese
beiden weltverbindenden Schlußglieder des Mittelmeeres,
sind die Angelpunkte geblieben, an welchen die politische
Gestaltung der Zukunft hängt. —

Der gewaltige Wettersturm, der am Schlusse der ersten
Hälfte des 19. Jahrhunderts ganz West-, Süd- und Mittel-
Europa durchlobte, hat namentlich in die inneren und äußeren
Verhältnisse der Mittelmeerländer tief und nachhaltig, wenn
auch nicht momentan wirkend, eingegriffen. In dem ewig
unruhigen Frankreich hat er das Wiederaufleben des Napoleonischen Cäsarismus vorbereitet, in Italien hat er das
nationale Einigungswerk mächtig gefördert und, wenn auch

mit augenblicklichem Mißerfolg, so doch der baldigen Erfüllung um ein gutes Stück Weges entgegengeführt; und
was die Jahre 1848—49 für die österreichische Monarchie
bedeuten, ist zu allgemein bekannt, um auch nur flüchtig
berührt zu werden. Indes muß doch, da die vorliegenden
Zeilen die Spiegelung der Weltereignisse im Mittelmeere
und die wesentlichsten Grundzüge der maritimen Geschichte
des letzteren zur Anschauung zu bringen versuchen, auf den
Umstand hingewiesen werden, daß die Entstehung der zwei
jüngsten großmachtlichen Kriegsflotten, der österreichisch-ungarischen und der italienischen, in den Ereignissen der Jahre
1848 49 wurzelt. Und wenn auch dieser Umstand weder
die augenfälligsten noch die wichtigsten Folgen der genannten
bedeutungsvollen Epoche bezeichnet, so steht er doch der
Tendenz dieser Zeilen am nächsten, und daher mag es
gerechtfertigt erscheinen, wenn auch nur er allein aus der
großen Masse der Ereignisse herausgegriffen wird.

Österreich war, durch den Anfall der ehemaligen
Republik Venedig, vorübergehend von 1797—1805, dann
definitiv von 1814 an zur Seemacht geworden; in Italien
hingegen war bis 1848, bei der politischen Zersplitterung
des Landes, von einer nationalen Seemacht keine Rede, und
besaßen daselbst nur die Königreiche Sardinien und Beider
Sicilien jedes eine kleine Kriegsflotte, während der Kirchen-
staat und Toscana in dieser Hinsicht gar nicht in Betracht
kamen, noch weniger selbstverständlich die kleinen Herzog-
thümer, die überdies vom Meere abgeschlossen waren. Was
nun Österreich betrifft, so hatte sich dieses vor 1848 darauf

beschränkt, die übernommenen, ziemlich spärlichen Reste der
ehemalig venetianischen Flotte — (was von derselben noch
gut und brauchbar war, hatten die Franzosen bei der ersten
Besetzung von Venedig 1796 für sich selbst behalten) —
im statu quo zu erhalten, ohne auf Ersatz und Auffrischung
derselben viel Sorge zu verwenden; Venedig blieb der
einzige Kriegshafen und das einzige Seearsenal der Monarchie,
die vorzüglichen Häfen der istrischen und dalmatinischen
Küsten blieben unbeachtet; und die Regierung dachte nicht
daran — (Fürst Metternich war kein Freund des Seewesens)
— die Flotte als gleichwertigen Theil der Wehrmacht des
Reiches der Armee gleichzustellen. Sie behielt eine inferiore
zurückgesetzte Stellung, (unverdienterweise, denn bei der
syrischen Expedition 1840 erwies sie sich als sehr tüchtig),
und geschah namentlich gar nichts, um einen österreichischen
Geist, ein Gefühl der Zusammengehörigkeit mit der Monarchie,
hineinzubringen; auch bei der Bevölkerung der Monarchie
fand sie wenig Sympathie, und selten nur fanden sich junge
Österreicher und Ungarn, die Marinedienst nahmen; die
Bemannung der Flotte, und besonders deren Officierscorps
bestand beinahe durchwegs aus Venetianern. Auf diese Weise
blieb die Flotte, wenn sie auch anstatt des Markuslöwen
jetzt die österreichische Flagge führte, eine specifisch venetianische, in der die Traditionen der geschwundenen Macht
und Größe Venedig's ein sehnsuchtsvolles Dasein führten,
und sich mit den modernen italienischen Einheitsideen zu
einer entschieden Österreich feindlichen Stimmung verbanden.
Als nun 1848 Venedig sich gegen die österreichische Herr-

schaft erhob, zeigten sich die Folgen der unverantwortlichen
Vernachlässigung und Geringschätzung der Seemacht darin,
daß beinahe die gesammte Kriegsflotte sich der aufständischen
Bewegung anschloß! Von dem aus 157 Fahrzeugen bestehenden Gesammtstande der österreichischen Kriegsmarine,
(26 Hochseeschiffe, 53 armierte Küstenfahrzeuge und 78
armierte Lagunenboote,) blieben nur 33, (darunter 8 Hochseeschiffe) der österreichischen Flagge treu, während die 124
anderen sofort den Kampf gegen dieselbe aufnahmen. Der
König von Sardinien, der sich an die Spitze der nationalen
Einheitsbestrebungen gestellt hatte, schickte den Venetianern,
die zwischen der Wiederherstellung der alten Republik und
dem Anschlusse an das neu zu gründende Italien schwankten,
seine Flotte zu Hilfe; dasselbe that, von seinen Unterthanen
gezwungen, der König beider Sicilien; und so sammelte sich
in Venedig eine Seemacht an, die zwar nicht officiell und
nominell, aber thatsächlich die erste national-italienische Flotte
repräsentierte. Sie konnte allerdings nicht verhindern, ebensowenig als die entschlossene Vertheidigung der Lagunenstadt
selbst, daß Venedig wieder unter die Herrschaft Österreichs
zurückkehren mußte; auch kam letzteres hiedurch in den
Wiederbesitz des verlorenen Flottenmateriales; aber der
versuchte Abfall Venedigs diente Österreich zur Lehre, daß
es, um Seemacht zu bleiben oder besser gesagt zu werden,
sich von den venetianischen Traditionen lossagen, und auf
von diesen unabhängige Basis stellen müsse. Letzteres
geschah denn auch mit großer Energie, und es war eine der
ersten Regierungshandlungen des Kaisers Franz Josef, ver-

mittelst welcher die Schaffung einer neuen Kriegsmarine
angeordnet wurde. Die Basis derselben wurde von der
westlichen an die östliche Küste der Adria, nach Istrien und
Dalmatien verlegt, wo vorzügliche natürliche Häfen und
eine im höchsten Grade durch Seetüchtigkeit ausgezeichnete
Küsten- und Inselbevölkerung die besten Vorbedingungen
abgaben; die Stadt Pola in Istrien wurde zum Central-
hafen der Kriegsmarine erhoben, stark befestigt, und mit
einem Seearsenale versehen, das sich, aus kleinen Anfängen,
mit der Zeit zu einem der mustergiltigsten und großartigsten
Etablissements der Welt entwickeln sollte. Außerdem wurden
Zara, Cattaro und San Giorgio auf der Insel Lissa zu
Kriegshäfen gemacht. Der Bau und die Ausrüstung neuer
Kriegsschiffe wurde inländischen Werften, namentlich in
Triest, zugewiesen, und konnte bald auch vom Arsenale
Pola ausgeführt werden; zur Ergänzung der Lücken im
höheren Officiersorps, entstanden durch die Secession der
Venetianer, wurden anfänglich tüchtige Kräfte aus dem
Auslande, besonders dem skandinavischen Norden berufen,
doch machte bald ein brillanter heimischer Nachwuchs, unter
welchem Namen wie Tegetthoff und Sterneck leuchten, den
Appell an das Ausland überflüssig, namentlich seitdem der
geniale, (später als Kaiser von Mexico einem tragischen
Geschick erlegene) Erzherzog Ferdinand Max das Marine-
Commando übernommen hatte. Mustergiltige Küstenaufnahmen
und hydrographische Arbeiten, die reiche Dotierung der
Küsten mit Leuchtfeuern und Seezeichen, und Expeditionen,
wie die an wissenschaftlichen Resultaten überreiche Welt-

umsegluug der Fregatte „Novara", 1857—1859, schufen
der jungen österreichischen Marine einen guten Ruf bereits
in Friedenszeiten, einen Ruf, den sie bald darauf in ernsten
Kämpfen auf das glänzendste rechtfertigen sollte.

Mittlerweile schritt die Weltgeschichte ihren ehernen
Gang, dessen Wiederhall in erster Linie abermals das Mittelmeer erschütterte, weiter. Des Krimkrieges ist bereits gedacht
worden, nicht aber des Umstandes, daß sich das kleine
Sardinien, als Bundesgenosse des großen Frankreich, an
demselben thätig betheiligt hatte. Diese Waffenbrüderschaft
sollte demnächst ihre Fortsetzung finden, nunmehr nicht gegen
Rußland, sondern gegen Österreich gekehrt, dessen wieder-
gewonnene Stellung in Ober-Italien das Haupthinderniß der
immer und immer wieder mit elementarer Gewalt hervor-
brechenden italienischen Einheitsbestrebungen bildete. Der
französische Cäsarismus, despotisch im Innern, förderte nach
außen gern radicale Umwälzungen, und hatte das Nationalitätenprincip auf seine Fahne geschrieben (er hätte es wohl
nicht gethan, hätte er ahnen können, wie verhängnißvoll ihm
das bereinstige Umkehren des Spießes werden würde); Volk
und Herrscherhaus Sardinien's stand schon seit geraumer
Zeit an der Spitze der italienischen Actionspartei, die in
den zahlreichen, mit der päpstlichen und der Bourbonischen
Herrschaft unzufriedenen Elementen Mittel- und Unter-Italien's
eine mächtige Stütze fand; so vereinigte sich denn Frankreich
und Sardinien 1859 zu gemeinsamem Angriff auf Österreich,
um dieses aus Italien zu verdrängen. Der Zweck wurde
nur halb erreicht; doch hatte der Krieg vulcanische Erup-

16*

tionen des Volkswillens zur Folge, unter welchen in diesem
und im folgenden Jahre die kleinen Staaten Ober-Italien's,
das Königreich beider Sicilien und der größere Theil des
Kirchenstaates zusammenbrachen. Es war ein großer Triumph
der Staatskunst Cavour's, daß dieser unter dem Zeichen
des revolutionärsten Radicalismus, unter den Wühlereien
Mazzini's und dem Freischärlersturm Garibaldi's erfolgte
Zusammenbruch der alten Ordnung sofort zum Ausgangspunkte einer neuen Ordnung in monarchischer Form wurde;
denn schon der Schluß des Jahres 1860 sah die Constituierung des einheitlichen Königreiches Italien, dessen Krone der
savoyischen Dynastie Sardinien's zufiel. Das neue Reich,
das nunmehr mit Ausnahme Rom's und Venedig's (sowie
des an Frankreich abgetretenen Stammlandes Savoyen) alle
Theile Italien's in sich vereinigte, trat sofort als sechste
Großmacht in die europäische Pentarchie ein und bildete
mit seinen noch immer nicht befriedigten expansiven Tendenzen einen Factor, der gewichtig in die Wagschale fiel;
und, um seiner Großmachtstellung nachdrücklichen Ausdruck
zu verleihen, verlegte es sich mit Eifer auf die Schaffung
einer starken Seemacht.

Die Zeit, in welche die Schaffung der italienischen
Kriegsmarine und zugleich die Entwicklung derjenigen Österreichs fällt, bezeichnet einen neuen und durchaus umgestal-
tenden Wendepunkt in der Geschichte des Seekriegswesens,
nämlich die Entstehung der **Panzerschiffe**. Die ersten
Anfänge derselben greifen in die Zeit des Krimkrieges zurück
und lassen demnach auch diese wichtigste aller Neuerungen

im Seewesen, die sich mit unglaublicher Raschheit bei sämmtlichen Seemächten der Erde einbürgerte, als eine bahnbrechende Erfindung des Mittelmeeres erscheinen. Bei Belagerung der russischen Seefestungen in der Krim verwendeten
nämlich die Franzosen und nach deren Beispiel dann auch
die Engländer schwimmende Batterien, deren Fronte durch
Panzerung mit starken eisernen Platten gegen die feindlichen
Geschosse geschützt wurde. Nun waren diese schwimmenden
Batterien allerdings keine eigentlichen Schiffe und repräsentierten überhaupt keine neue Idee; aber bald nach dem Kriege
verfiel ein französischer Marine-Ingenieur, Dupuy de Lôme,
der bereits 1852 das erste Schrauben-Linienschiff, den
„Napoléon", gebaut hatte, auf den Gedanken, das System
der Panzerung auch auf Schiffe anzuwenden; und er führte
ihn aus, indem er 1859 in Toulon das erste Panzerschiff,
die „Gloire", baute. Der neue Typ erregte allenthalben die
äußerste Aufmerksamkeit und rasche Nachahmung; und so
groß war die Eile der Marineverwaltungen, sich in den
Besitz desselben zu setzen, daß man sich vielfach nicht die
Zeit nahm, neue Panzerschiffe erst in Bau zu legen, sondern
die alten Linienschiffe durch Abnehmen des zweiten und dritten
Deckes und durch Panzerung des in seiner Höhe bedeutend
reducierten Rumpfes mit Eisenplatten in solche verwandelte.
Natürlich wurde das bisherige Princip der übereinander
angeordneten Batterien hinfällig, da das ungeheure Gewicht
des mit dicken Eisenplatten belegten Schiffskörpers keine
große Höhenentwicklung über der Wasserlinie zuließ; somit
erschien wie mit einem Schlage die alte Form des Schlacht-

schiffes, das Linienschiff, beseitigt; auch machte die gesteigerte
Widerstandsfähigkeit des Panzerschiffes neue, wirksamere
Angriffswaffen nothwendig. Man fand die letzteren in der
Reducierung der bisherigen großen Anzahl von Schiffs-
geschützen auf einige wenige von ungeheurer Größe, dann in
dem Zurückgreifen auf den mittelalterlichen Rammsporn,
natürlich in veränderter Gestalt und unter der Wasserlinie
angebracht, und endlich in den Seeminen oder den Torpedos.
Das Zusammenwirken dieser Factoren gab der Seetechnik
plötzlich eine total veränderte Gestalt; es begann namentlich
jener lange Zeit unentschiedene Wettkampf zwischen Artillerie
und Schiffspanzer, der einerseits zur Herstellung immer
kolossalerer Geschütze von unwiderstehlicher Durchschlags-
kraft, andererseits zur Anwendung immer mächtigerer, schwe-
rerer und unzerstörbarer Panzer führte. Durch die letzteren,
welche bald nicht nur die Wasserlinie, sondern auch den
Rumpf unter derselben und das Deck zu schützen hatten,
wurde das Deplacement und das Gewicht der Schiffe ins
Riesenhafte gesteigert; dies und die mittlerweile stattgehabte
Vervollkommnung der Dampfmaschine, die zu bis vor kurzem
noch ungeahnten Krafteffecten führte, ließ die Bemastung
und Takelung der Panzerschiffe als ungenügend und überflüssig erscheinen; sie wurde kurzweg beseitigt, indem die
Maste entweder ganz in Wegfall kamen oder doch nur als
nebensächlicher Factor, als Signal- und „Gefechts"-Maste,
ohne Segel, geführt wurden.

Wie jede alles Gewohnte und Überkommene umstürzende
Neuerung, fand natürlich auch das Panzerschiff seine ent-

schiedenen Gegner, die dessen Einführung mit gewichtigen theoretischen Gründen bekämpften; doch mußten die Gegner sehr bald verstummen, wie denn überhaupt kaum je eine radicale technische Umwälzung so rapid und allgemein zur Herrschaft gelangt ist, als die genannte. Die Veranlassung dazu bot die praktische Erfahrung, die der gemachten Erfindung knapp auf dem Fuße folgte. Als nämlich im Jahre 1861 der große Bürgerkrieg in den Vereinigten Staaten von Nord-Amerika ausbrach, der ebenso energisch zu Lande als zu Wasser (besonders auf den Riesenströmen Nord-Amerika's) geführt wurde, machten die streitenden Parteien sofort von der neuen europäischen Erfindung Gebrauch; sowohl die Nordstaatler als die Secessionisten erbauten Panzerschiffe und ließen sie in Action treten. Die amerikanischen Panzerschiffe waren keine genauen Nachbildungen von Dupuy de Lôme's System, sondern mit echt amerikanischer Unabhängigkeit ihren localen Verhältnissen und nationalen Gesichtspunkten adaptiert; namentlich das berühmte, von den Nordstaatlern erbaute Panzerschiff „Monitor" (dessen Namen in der Folge zur Bezeichnung des durch ihn repräsentierten Typ's geworden ist,) zeigte total abweichende Formen und Constructions-Principien; dagegen zeigte sich vom ersten Augenblicke an, daß im Gefechte das Panzerschiff, selbst wenn es von kleinen Dimensionen war, ein ungeheures Übergewicht auch über die größten und stärksten Linienschiffe besaß, ja daß die letzteren jenem gegenüber vollkommen wehrlos waren. Der Monitor, dessen niederes Deck kaum über Wasser ragte und durch kugelfeste Panzerplatten gegen feindliche Geschosse gesichert war, war seinerseits unangreifbar; das einzige, aber riesige Geschütz, das er führte, war in einem auf Deck situierten gepanzerten Drehthurm placiert, in welchem auch der Commandant und das Steuer ihre geschützten Plätze fanden; dergestalt war sowohl das Fahrzeug selbst, als seine Bemannung unverwundbar, dagegen konnte seinem wuchtigen Rammstoße selbst der gewaltigste Dreidecker nicht widerstehen und wurde unfehlbar in den Grund gebohrt. Dieser Logik der Thatsachen konnte sich niemand entziehen, und die Überzeugung wurde allgemein, daß die Kriegsmarinen, wenn sie überhaupt kampffähig bleiben wollten, vom bisherigen System der hochbordigen, mehrdeckigen Breitseitenschiffe abgehen und als eigentliches Schlachtschiff das niederbordige, mit Rammsporn ausgerüstete Panzersystem adoptieren müssen. Demzufolge ist es nur natürlich, daß die italienische Marine, deren Entstehungszeit mit dem nordamerikanischen Secessionskriege und den dabei gemachten Erfahrungen zusammenfällt, sich a priori auf den neuesten Standpunkt stellte und ihre Entwicklung lediglich aus diesem heraus nahm, d. h., daß sie sich fast ausschließlich auf den Bau von Panzerschiffen verlegte. Und ebenso natürlich ist es, daß Österreich, das seine guten Gründe hatte, sich eines baldigen neuerlichen Angriffes von dieser Seite zu versehen, Italien auf dem neu eingeschlagenen Pfade folgen mußte, um jenem zur See nicht wehrlos gegenüberzustehen. Es wurde also, vom Jahre 1861 an, auch in Österreich mit dem Bau von Panzerschiffen begonnen und derselbe so rüstig gefördert, daß bereits anfangs 1864 die Panzerfregatte „Don Juan

b'Austria" die gegen Dänemark entsendete österreichische
Escabre in die Nordsee begleiten und an dem Seegefechte
von Helgoland theilnehmen konnte; dies war auch die erste
Gelegenheit, das Panzerschiff auf einer längeren Seereise zu
erproben. Die Probe ergab allerdings, daß das System in
seiner damaligen Form, als gepanzerte Fregatte, sich wenig
für Hochseeschiffe eigne; denn ein Sturm, der die österreichische Escabre während ihrer Fahrt aus der Abria in
die Nordsee im Meerbusen von Biscaya überfiel, spielte
dem „Don Juan b' Austria" übel mit und hätte ihm beinahe
den Untergang bereitet, während die übrigen Schiffe ihn
ohne Gefährdung bestanden. Jedenfalls hat die damals
gemachte Erfahrung wesentlich dazu beigetragen, die nach-
herige Scheidung der Kriegsflotten in zwei selbständige
Gruppen, die der eigentlichen „Schlachtschiffe" und die
der „Kreuzer", vorzubereiten, von welchen die erste Gruppe
hauptsächlich die absolute Schlagfähigkeit, die zweite hingegen
mehr die Seetüchtigkeit für weite Oceanfahrten im Auge
behält; auch hat sie bargethan, daß die „Panzerfregatte"
des ersten Typ's keinem der beiden Zwecke ganz entspreche
und hat sie daher bald als „überwundenen Standpunkt"
erscheinen lassen, der neuen Gestaltungen Platz machen
mußte. Doch sollte die Panzerfregatte als Typ nicht ohne
einen mächtigen Schlußeffect vom Schauplatze verschwinden,
indem es ihr vorbehalten war, das erste (und bisher auch
einzig gebliebene)*) Beispiel einer mit Panzerflotten aus-
gefochtenen Seeschlacht im großen Stile zu liefern (denn die
Schiffskämpfe des nordamerikanischen Bürgerkrieges hatten

*) Dies war noch vor Ausbruch des ostasiatischen Krieges
geschrieben.

fich auf Einzelangefechte oder auf Blockadebrechungen befchränkt);
und wieder war es das Mittelmeer, das den Schauplaß diefes
epochemachenden Ereigniffes abgegeben.

Die bisherige Freundfchaft Italien's mit Frankreich
hatte eine erfte Trübung erfahren, fowohl deshalb, weil
Frankreich fich feine 1859 geleiftete Hilfe mit der Abtretung
von Savoyen und Nizza hatte bezahlen laffen, als auch und
hauptfächlich deshalb, weil es dem ftürmifchen Wunfche der
Italiener nach der Hauptftadt Rom entfchiedenen Widerftand
entgegenfeßte, und den Reft der weltlichen Herrfchaft der
Kirche felbft mit den Waffen fchüßte. Italien, das fich als
unvollendet betrachtete, fo lange es Rom und Venedig miffen
mußte, fah fich deshalb nach einem neuen Bundesgenoffen
um, und fand diefen in Preußen, deffen feit 1848 acut
gewordener Hegemonieftreit mit Öfterreich um die Führerrolle in Deutfchland fich 1866 zu kriegerifcher Löfung zufpißte.
Wenn auch die Frage der nationalen Einheit in Deutfchland
ganz anders aufgefaßt wurde als in Italien und im erfteren
namentlich der in uralten nationalen Dynaftien wurzelnde
Separatismus und Localpatriotismus eine ungleich feftere
und volksthümlichere Bafis hatte; wenn auch hier zwifchen
Nord und Süd eine durch hiftorifche Entwicklung, durch
grundverfchiedene Denk- und Gefühlsweife, durch religiöfen
Glauben und durch Stammeseigenthümlichkeiten aufgerichtete
Scheidewand beftand, die der Verfchmelzung zu homogener
Einheit widerftrebte; und wenn auch in Deutfchland, ver-
fchwindende Ausnahmen abgerechnet, niemand an die Errichtung
eines Nationalftaates à la Italien dachte oder diefelbe

wünschte: so fanden sich doch manche unverkennbare Analogien
in der inneren Lage der beiden Länder, die dazu führten,
daß sie sich zur Erreichnug eines principiellen Zieles die
Hände zum Bunde reichten. Der Bund richtete sich gegen
Österreich, das von der, preußischen Einflüssen unterstehenden,
Hälfte des deutschen Volkes ebenso als Hindernis der deutschen
Einheit betrachtet wurde, wie von den Italienern als Hindernis
der italienischen; und, obgleich die Mittelstaaten des „deutschen
Bundes" fast durchwegs zu Österreich hielten und hieraus
ein Krieg Preußens gegen das nichtpreußische Deutschland
mit entbrennen mußte, bezweckte die preußisch-italienische
Allianz doch nichts Geringeres, als Österreich sowohl aus
Teutschland als aus Italien ganz; hinauszudrängen, vom
Meere abzuschneiden und demgemäß auf eine Stellung zu
reducieren, die nicht nur den Verlust des Großmacht-
Charakters mit sich bringen, sondern es geradezu der Auflösung entgegentreiben sollte. Und der combinierte Angriff,
der „Stoß ins Herz Österreichs", erfolgte; er endete mit
einem Siege Preußens und mit einer Niederlage der Italiener,
die gleichwohl dem Königreiche Italien das begehrte Venedig
zubrachte; der nächste Zweck der Allianz schien demnach erfüllt.
Doch, und dies ist eine der merkwürdigsten und beherzigens-
werten, zu Nachdenken anregenden Erscheinungen der Weltgeschichte, das gebeugte Österreich schöpfte aus der Katastrophe
von 1866 die Kraft zu einer glänzenden Wiedergeburt; aus
Teutschland politisch, aus Italien territorial hinausgedrängt,
concentrierte es seine unerschöpfliche Lebenskraft nach innen,
auf neuer Basis, indem es die seit 1850 eingeschlagene

Richtung seiner inneren und äußeren Politik, als eine prag=
matisch dementierte, entschlossen über Bord warf. Die
Wiederherstellung der alten Verfassung Ungarns und dessen
nationaler Selbständigkeit, die Umgestaltung der unter dem
Scepter des Hauses Habsburg stehenden Länder in ein Doppel=
reich, als Österreichisch=Ungarische Monarchie,
überbrückte, indem sie einen Spalt öffnete, eine weltaus
gefährlichere, gähnendere Kluft; während die gleichzeitige
Einführung wahrhaft freisinniger, dem fortschrittlichen Geiste
der Zeit entsprechender Institutionen in der westlichen Hälfte der
Monarchie auch hier den Bann löste, der lähmend auf der
Entwickelung ihrer Kräfte gelastet hatte. Binnen kurzer Zeit
erhob sich die Monarchie aus einer schweren militärischen und
politischen Niederlage, die sie anscheinend an den Rand des Ver=
derbens gebracht hatte, nicht nur zu einem bisher nie erreichten
Grade materiellen Wohlstandes, sondern auch zu einer
angeseheneren und einflußreicheren Stellung im Concerte
der Großmächte als je zuvor. Mit ebensoviel edler Selbst=
verleugnung als politischem Scharfblicke suchte die österreichisch=
ungarische Monarchie die aufrichtige Versöhnung mit den
Gegnern von gestern, mit Preußen und Italien, eine Ver=
söhnung, die nach der vollständigen Erfüllung der deutschen
und italienischen Nationalwünsche infolge der Niederwerfung
des französischen Cäsarismus durch Deutschland, in dauernde
und herzliche Freundschaft übergieng. So bereitete sich jener
spätere mächtige „Dreibund" zwischen dem deutschen Reiche,
Österreich-Ungarn und Italien vor, die Allianz der mittel=
europäischen Großmächte zu Schutz und Trutz, die, dauernder

und zielbewußter, dabei unangreifbarer als je zuvor eine politische Allianz gewesen, bis in die Gegenwart hinein die festeste Garantie des bedrohten Weltfriedens bildet.

Es wäre unbillig, die unendlich wichtige Rolle zu verkennen, die in dem angedeuteten Umwandlungsprocesse der österreichischen Marine zukommt. Der Angriff Italien's im Jahre 1866 hatte, wie gesagt, nicht weniger bezweckt, als Österreich aller seiner Küsten, deren größerer Theil ja einst der Republik Venedig angehört hatte, zu berauben, es ganz vom Meere abzuschneiden und somit von seiner Großmachtstellung zu depossediren. Daß dieser Versuch nicht gelang, daß die maritime Stellung der Monarchie unerschüttert, demnach eine der wesentlichsten Prämissen der Großmachtstellung intact blieb, ist das ausschließliche Verdienst der Kriegsmarine. Der Verlust der venetianischen Terra firma war für die maritime Stellung der Monarchie in keiner Weise maßgebend; erstlich erfolgte er in ruhmvoller Art, durch freiwillige Cession an einen Dritten und nach einem über das Heer der Angreifer erfochtenen glänzenden Siege; dann war, wie bereits erwähnt worden ist, schon vorher die Seemacht der Monarchie von der venetianischen Basis vollständig losgetrennt worden; aber der Verlust der ehemalig venetianischen Ostküsten der Adria, Istrien's und Dalmatien's, und der Verlust Triest's, wäre dafür maßgebend gewesen, und auf diese richtete sich eben das Eroberungsgelüste der italienischen Flotte. Nur der entscheidende Sieg der österreichischen Flotte bei Lissa, am 20. Juli 1866, hat der Monarchie diese Küsten erhalten und die anspruchs-

vollen, zu Land und See gleichmäßig besiegten Italiener
bewogen, den Frieden zu suchen, und sich mit dem aus der
Hand des Vermittlers Kaiser Napoleon III. erhaltenen
Venedig zu begnügen, sowie auf fernere, auf Kosten der
Monarchie geplante Territorialansprüche feierlich und definitiv
zu verzichten. So stellte der Seesieg von Lissa einerseits die
Basis her, auf welcher die Aussöhnung, später die Annäherung, endlich die Freundschaft zwischen Italien und der
österr.-ung. Monarchie aufgerichtet werden konnte; so half
er andererseits bei der inneren Consolidierung der Monarchie
auf dualistischer Grundlage, ohne Einbuße an ihrer Actionsfähigkeit nach außen, kräftig mit; und so repräsentierte er
— und letzteres gehört zu seinen verdienstlichsten Folgen
ein ethisches Moment von höchster Bedeutung für die
Monarchie, indem er in trüber, pessimistisch angekränkelter,
zu Verzagen geneigter Zeit einen leuchtenden Ellberblick bot,
an welchem sich berechtigtes Selbstgefühl, Hoffnungsfreudig-
keit und Lebensmuth neu entzünden durften. Der Sieg von
Lissa flocht nicht nur ein frischgrünes Lorbeerblatt in den
bei Solferino und Königgrätz beschädigten kriegerischen
Ruhmeskranz; er war im wahren Sinne des Wortes eine
rettende That, deren politischer wie moralischer Effect gleich
bedeutsam war. Ohne Lissa 1866 hätte der mitteleuropäische
Dreibund nie zustande kommen können; das Mittelmeer
hatte wieder einmal maßgebend in den Gang der Weltereignisse eingegriffen.

Aber nicht bloß in politischer, sondern auch in rein
seemännischer Hinsicht ist die Seeschlacht von Lissa, als die

erſte und einzige Schlacht zwiſchen ganzen Panzerflotten, von
epochaler Bedeutung; die in ihr gemachten Erfahrungen
haben die ſeitherige, freilich noch immer nicht zu definitivem
Abſchluſſe gebrachte Richtung beſtimmt, in welcher ſich die
Ausgeſtaltung des Seekriegsweſens bis heute bewegt.

Iſt ein definitiver Abſchluſs, eine Stabiliſierung des-
ſelben für eine Periode von längerer Dauer überhaupt zu
erwarten, oder auch nur möglich? Die Frage dürfte, bei
dem ſtürmiſchen Tempo des techniſchen Fortſchrittes der
Gegenwart kaum zu bejahen ſein; gewiſs iſt hingegen, daſs
Liſſa ſowohl die Strategie als die Taktik des Seekrieges
auf ganz neue Baſis gelegt hat, von welcher übrigens zu
wünſchen bleibt, daſs ſie ihren ſeitherigen rein theoretiſchen
Charakter möglichſt lange bewahre! Die Schlacht von Liſſa
hat das artilleriſtiſche Moment des Seekampfes, das vorher
das ausſchlaggebende geweſen war, ganz in den Hintergrund
gedrängt, und durch das mechaniſche Bewegungsmoment des
Schiffskörpers ſelbſt, durch die Stoſswirkung ſeiner bewegten
Rieſenmaſſe erſetzt.

Allerdings war dieſe ſogenannte Stoſstaktik nichts
weiter als das Zurückgreifen auf die Kampfesweiſe der
mittelalterlichen Galeeren, wobei nur der Schiffsmotor
geändert erſcheint; und in neueſter Zeit hatte der öfter
erwähnte amerikaniſche Seceſſionskrieg das Beiſpiel ihrer
Wiederaufnahme gegeben; immerhin beſteht aber ein we-
ſentlicher Unterſchied zwiſchen dem letzteren Beiſpiele und
dem Kampfe bei Liſſa. Der amerikaniſche Unioniſten-Admiral
Farragut hatte ſeine brillanten Erfolge mittelſt Rammſtoſses

auf engbegrenzten Wasserflächen errungen, im Hafen von
Mobile, auf dem Flusse Mississippi 2c.; der österreichische
Admiral Tegetthoff hingegen war der Erste, der die neue
Kampfweise — neu in Bezug auf das moderne Flotten-
material — auf die hohe See übertrug. Die kühne Initiative
Tegetthoff's ist umso ruhmvoller und sein Sieg umso
glänzender, als die seinem Befehl unterstellte Flotte sowohl
numerisch als nach Schiffskategorien, und namentlich im
Caliber der Geschütze der gegnerischen nicht gewachsen war;
und noch galt ja vielfach das Geschütz als der entscheidendste
Factor. Bei Ausbruch des Krieges 1866 zählte die unter
dem Commando des Admirals Persano stehende operative
Flotte Italien's 14 Panzerschiffe, 28 Hochbordschiffe (Linienschiffe, Fregatten und Corvetten,) und 39 kleinere Dampfer,
zusammen also 81 Fahrzeuge, denen österreichischerseits
7 Panzerschiffe, 8 Hochbordschiffe und 25 kleinere Dampfer,
zusammen also nur 40 Fahrzeuge gegenüberstanden; (die
Segelschiffe, als veraltet und nicht mehr zur operativen
Flotte gehörig, sind beiderseits außer Rechnung gelassen).
Trotz dieser großen numerischen Überlegenheit zögerten
die Italiener lange mit dem Beginn der Feindseligkeiten;
die Niederlage, welche ihr Landheer gleich im Beginn des
Feldzuges bei Custozza erlitten, lastete lähmend auf ihren
Unternehmungen. Admiral Persano sammelte die Flotte
im Hafen von Ancona, ohne aber von dort auszulaufen,
und ohne selbst die Herausforderung der vor Ancona er-
scheinenden österreichischen Escadre unter Tegetthoff anzunehmen. Letzterer kehrte nun an die heimische Küste zurück,

und ankerte, in zuwartender Haltung, im Canal von Fasana,
vor Pola, bis er in Erfahrung brachte, daß die italienische
Flotte einen Angriff auf die Insel und Seefestung Lissa
unternommen habe. In der Nacht vom 19. auf den 20. Juli
lief nun Tegetthoff aus dem Canal von Fasana mit 24
Schiffen (darunter 3 nur nothdürftig armierte, gemietete
Lloydbampfer,) aus, um Lissa zu entsetzen; Persano, von
seiner Annäherung benachrichtigt, fuhr ihm mit seiner, aus
30 Schiffen (1 Widderschiff, 11 Panzerfregatten*), 9 hölzernen Fregatten*) und 9 Kanonenbooten und Aviso's) bestehenden Flotte in die hohe See entgegen, um ihn zurück-
zutreiben. Um 10 Uhr Vormittag kamen sich die beiden gegnerischen Flotten in Sicht, und formierten sich in Schlacht-
ordnung; während aber Persano, auf sein schweres Geschütz
bauend, eine defensive Stellung einnahm, formierte Tegetthoff
seine Escadre in eine aus drei Treffen bestehende Angriffs-
colonne in Keilform; das erste Treffen bestand aus den 7 Panzerfregatten, das zweite aus 7 großen Holzschiffen (1 Linienschiff, 5 Fregatten und 1 Corvette), und das dritte aus
10 kleineren Holzschiffen (Kanonenbooten und Radbampfern),
(siehe nebenstehende Skizze). Die Italiener entwickelten ihre
Panzerflotte in Kielwasserlinie, gleichfalls in drei Treffen,
indem Tête und Queue aus je 3, das Centrum aus 4
Panzerschiffen gebildet war; etwas abseits davon, unter dem
Schutze der ersteren, nahm die Holzflotte Aufstellung. Die

---

*) An der Schlacht selbst aber nahmen 2 Panzerschiffe und eine
Holzfregatte keinen thätigen Antheil mehr, da sie bereits bei dem Geschützkampf um die Festung Lissa havarirt worden waren.

A.

B.

A. österr. Flotte
B. ital. Flotte

italienischen Panzerschiffe eröffneten aus ihren 150- und 300pfündigen Riesengeschützen bereits auf 2 Seemeilen Distanz das Feuer auf die herannahenden Österreicher; letztere, die kein schwereres Caliber als 60pfünder führten, erwiderten bis auf die unmittelbarste Nähe keinen Schuß, sondern fuhren mit vollem Dampf heran, den Keil der Panzerschiffe zwischen Tête und Centrum der feindlichen Linie drängend. Das Durchbrechen der letzteren gelang bereits beim ersten Anlaufe; hiedurch lösten sich aber auch die beiderseitigen Schlachtordnungen in eine wirre Mêlée auf, in welcher der dichte Pulver- und Kohlendampf kaum Freund von Feind unterscheiden ließ. Obgleich beide Flotten Flaggengala gehißt hatten, ließen sich doch im dichten Rauch keine Flaggen erkennen und die Contouren der Schiffe verschwammen zu unkenntlichen Nebelbildern; einzig die Farbe des Schiffskörpers (die österreichischen Schiffe hatten einen schwarzen, die italienischen einen grauen Anstrich) mußte als Unterscheidungszeichen dienen. Es entspann sich nunmehr ein wilder regelloser Nahkampf von Schiff zu Schiff, oft Bord an Bord, bei fortwährendem Vor- und Rückwärtsdampfen, bald um dem Stoß eines Gegners auszuweichen, bald um diesen selbst anzurennen; jedes Schiff manövrierte auf eigene Faust, denn die Signale der Admiralschiffe waren nicht mehr kenntlich, und suchte bald durch Geschützfeuer, bald durch Rammstoß den nächstbefindlichen Feind anzugreifen. Besonders hatten es die italienischen Panzerschiffe auf die österreichischen Holzschiffe abgesehen, die, das zweite Treffen bildend, keck in die Mêlée hineingefahren waren; das österreichische Linienschiff „Kaiser" wurde nacheinander von vier feindlichen Panzerschiffen angegriffen, erwehrte sich ihrer aber durch ebenso kühne als glückliche Manöver, indem es, obwohl nur ein hölzernes Schiff, das sich nothdürftig mit Ankerketten gepanzert hatte, selbst rammte; doch erlitt es hiebei so starke Havarien, daß es sich aus dem Gefecht zurückziehen mußte. Dagegen kamen die italienischen Holzschiffe ihren gepanzerten Kameraden nicht zu Hilfe; sie behielten ihre, aus der Planskizze ersichtliche, abseitige Stellung bei und beschränkten sich darauf, aus derselben ein, unter den gegebenen Umständen wenig wirksames Geschützfeuer auf den

17*

Feind zu richten. Schon wogte der Kampf auf die beschriebene
Weise durch einige Stunden unentschieden hin und her, als
Tegetthoff's Admiralschiff, die Panzerfregatte „Ferdinand
Max", im Gemenge auf das feindliche Admiralschiff „Ré
d' Italia" stieß (es führte noch die Admiralsflagge, obwohl
Persano unmittelbar vor Beginn der Schlacht dessen Bord verlassen und sich auf das Widderschiff „Affondatore" begeben
hatte, ein Vorgehen, das ihm zu schwerer Schuld angerechnet
wurde). Mit vollem Dampf rannte der „Ferdinand Max"
(commandiert vom nachmaligen Admiral Sterneck) an
den „Ré d' Italia" an und stieß ihm seinen Sporn
so wuchtig in die eiserne Flanke, daß letzterer sich
sofort auf die Seite legte, sein ungeheures Leck zeigend,
und nach wenigen Augenblicken mit Mann und Maus
in der Tiefe verschwand; während der Angreifer, der sich
durch rasches Gegendampfgeben vom sinkenden Gegner los-
gemacht hatte, vollständig intact blieb. Wie gelähmt von
dem Anblicke des ungeheuren Verderbens, hielten beide
kämpfenden Theile eine Weile inne; dann tobte die Schlacht
weiter, aber schon zeigte sich die italienische Flotte durch
den gewaltigen Eindruck, den das Versinken ihres Admiral-
schiffes hinterlassen, erschüttert; und als bald darauf ein
zweites ihrer Panzerschiffe, der „Palestro", in Brand
geschossen wurde und mit entsetzlichem Krachen in die Luft
flog, da war der Kampf entschieden; die Italiener wandten
sich und zogen sich mit vollem Dampfe nach Ancona zurück,
wo sofort nach ihrer Ankunft auch noch das Widderschiff
„Affondatore" aus unbekannt gebliebenen Ursachen versank.

Der siegreiche Tegetthoff aber verfolgte den weichenden Feind nur so lange, bis er sich von dem fluchtartigen Charakter des Rückzuges überzeugt hatte, und segelte dann nach dem glorreich entsetzten Lissa, um daselbst seine Havarien auszubessern und zur Abwehr eines eventuellen neuen Angriffes bereit zu sein. Doch sollte es nicht mehr dazu kommen; die eine Seeschlacht hatte die Seecampagne zugunsten Oesterreichs entschieden; die Italiener verzichteten auf den gefährlichen Versuch, ihre Hand auch nach den Ostküsten der Adria auszustrecken, und konnten selbstverständlich ihre vermeintlichen Ansprüche auf dieselben auch in dem bald darauf abgeschlossenen Frieden nicht zur Geltung bringen. Oesterreich verblieb nach wie vor im Besitze seiner Küsten und hatte sich mit einem Schlage einen achtunggebietenden Rang unter den Seemächten erworben; Tegetthoff aber wurde als einer der größten Seehelden aller Zeiten auf beiden Hemisphären gefeiert. Und verdientermaßen! Er hatte einen überlegenen und tüchtigen Gegner besiegt, ihm zwei große Schiffe zerstört und zwei weitere kampfunfähig gemacht und ihm großen Verlust an Combattanten beigebracht, während er selbst kein einziges Schiff eingebüßt — das beschädigte Antenschiff war nach wenigen Tagen wieder kampfbereit — und an Todten und Verwundeten nur 173 Mann verloren hatte. Nächst Tegetthoff selbst hatten sich der Commodor Anton v. Petz und die Capitäne Sterneck und Moufront v. Montfort durch brillante Bravour und meisterhaftes Manövrieren hervorgethan; die genannten Männer sind die Schöpfer der moder-

neu Seetaktik, indem sie praktisch den Beweis erbracht
haben, daß die lecke Offensive auch im Seegefechte den
größeren Vortheil für sich habe und daß die furchtbare
Wirkung des Rammstoßes auch durch die schwerste Artillerie
nicht paralysiert werden könne. Doch hat die Schlacht von
Lissa auch die Unzulänglichkeit der „Panzerfregatten" demon-
striert und zur Folge gehabt, daß dieser kaum aufgekommene
Typ auch wieder sofort auf den Aussterbe-Etat gesetzt
wurde; die mit ihm gemachten Erfahrungen drängten die
Marinetechnik in eine neue Richtung und führten zur Construction der „Casematte-" und der „Thurmschiffe", bei
welchen einerseits durch Verstärkung der Panzerungen eine
möglichst absolute Unverwundbarkeit angestrebt, andererseits
das Breitseiten-Batterie-System ganz fallen gelassen wird;
die auf die Zahl von 2—3 reducierten, aber dafür ins
Ungeheuere vergrößerten Geschütze sollen hiebei besonders in
der Längsrichtung des Schiffes feuern können und somit
ermöglichen, dem Gegner stets nur die stärkste Seite, den
Bug, zuzukehren. Auch legte man fortan großes Gewicht
auf die Abtheilung des Schiffskörpers in wasserdicht von-
einander abgesonderte Kammern, damit nicht ein durch
Rammstoß oder Seemine verursachtes Leck gleich das Sinken
des Fahrzeuges zur Folge habe. Übrigens erscheint die Aufgabe, ein unverwundbares Kriegsschiff zu construieren, trotz
vielseitigster Versuche bis auf den heutigen Tag als eine
ungelöste; weitgehendes Theoretisieren hat dazu geführt, die
Dimensionen, das Deplacement, die Offensiv- und Defensiv-
kraft und die Kostspieligkeit der modernen Kriegsschiffe ins

Maßlose zu steigern, hat auch mitunter die bizarrsten Ab-
sonderlichkeiten mit sich gebracht (z. B. die russischen
„Popoffka's"); aber so oft auch das Non plus ultra der
Leistungsfähigkeit und Unzerstörbarkeit erreicht schien, haben
immer wieder, und zwar in Friedenszeiten, zufällige Katastrophen die Hinfälligkeit aller Theorie ad oculos demon-
striert (man denke z. B. an den Fall mit dem „Iron
Duke", 1875, dem „Großen Kurfürsten", 1878, der „Vic-
toria", 1893, u. f. w.). Im allgemeinen kann behauptet
werden, daß die mit Lissa beginnende neueste Phase des
Seekriegswesens nicht nur noch zu keinem Abschlusse
gekommen ist, sondern bis zur Stunde sich in einem Zustande
fortwährender, fast fieberhafter Umwandlung befindet;
ja zuweilen hat es den Anschein, als ob der unaufhörliche,
sich gegenseitig übertrumpfende Wettstreit zwischen Panzer,
Geschütz und Torpedo die gesammte Richtung ad absurdum
führen wolle, wie es denn auch nicht an Stimmen fehlt,
die ein Verlassen derselben und die Rückkehr zu einfacheren,
natürlicheren Formen befürworten. Der allerneuueste Typ
des Kriegsschiffes, der „Rammkreuzer", dürfte vielleicht
bereits einen ersten Schritt zur Umkehr bedeuten.

Beinahe zur selben Zeit, da der österreichisch-italienische
Seekampf im Mittelmeere den tiefgreifenden Einfluß des
letzteren auf die Gestaltung der Weltverhältnisse im allgemeinen und des Seewesens im besonderen wieder einmal
recht lebhaft zur Anschauung brachte, bereitete sich ebendaselbst
ein Ereignis friedfertiger Natur, jedoch von epochalster
Bedeutung, vor: die Durchstechung der Landenge von Suez.

Der Gedanke, das Mittelmeer durch einen Schiffahrtscanal mit dem Rothen Meere und durch letzteres mit dem Indischen Ocean in unmittelbare Verbindung zu setzen, ist ein uralter; es ist im Laufe dieser Zeilen mehrfach davon die Rede gewesen, wie seit dem grauesten Alterthume seine Durchführung öfter versucht und zweimal auch thatsächlich verwirklicht worden ist. Nur hatten die von den alten Pharaonen und später von den Ptolemäern hergestellten Canäle, wie gleichfalls hier erzählt worden ist, sich keines dauernden Bestandes zu erfreuen, und war es dem 19. Jahrhundert vorbehalten, den uralten Plan in einer voraussichtlich definitiven Weise zu verwirklichen. Das Zustandekommen des modernen Suezcanales ist der Genialität, der Energie und den rastlosen Bemühungen eines Privatmannes, des französischen Ingenieurs Ferdinand Lesseps, zu verdanken, der gelegentlich eines Besuches in Ägypten 1854 den Plan der Ausführung entwarf, den Vicekönig Said Pascha für denselben gewann und auch die Geschäftswelt Frankreich's, Italien's und Österreich's für denselben zu interessieren wußte;[*] nur in England, wo man hinter Lesseps' Plane einen versteckten Annexionsversuch Frankreich's vermuthete, machte sich eine dem Unternehmen entschieden abgeneigte Stimmung kund, denn seit Napoleon Bonaparte's ägyptischer Expedition von 1798/99 waren die Engländer für alles, was Frankreich mit Ägypten in näheren Contact bringen konnte, äußerst empfindlich, woran auch die augenblickliche „entente cordiale" und Waffenbrüderschaft nichts änderte. Aber trotz der finanziellen und diplomatischen

---

[*] Auch darf hier der wesentlichen Verdienste des Österreichers Negrelli nicht vergessen werden.

Schwierigkeiten, die von England aus Lesseps in den Weg gelegt wurden, gelang es dem letzteren doch, 1858 eine Suezcanalbau-Actiengesellschaft mit einem in Frankreich aufgebrachten Capital von 200 Millionen Francs zu gründen; er selbst stellte sich als technischer Leiter an die Spitze des Unternehmens und begann bereits im nächstfolgenden Jahre den Bau des Riesenwerkes, das bis zur Vollendung 10 Jahre in Anspruch nahm. Wie gewöhnlich bei so großartigen Unternehmungen, wurden auch bei diesem die ursprünglich veranschlagten Kosten gewaltig überschritten; das Actien-capital mußte um weitere 100 Millionen Francs erhöht werden, und als auch dies nicht genügte, deckte der Vice-könig Ismaïl Pascha die noch erforderlichen 150 Millionen Francs aus Eigenem. Auf diese Weise wurde es endlich möglich, den fertiggestellten Canal am 17. November 1869 dem Verkehre zu übergeben; die Eröffnung des Canales für die Schiffahrt erfolgte unter großen Feierlichkeiten, die durch die persönliche Anwesenheit der Kaiserin Eugenie der Franzosen, des Kaiser-Königs Franz Josef I. von Österreich-Ungarn, des Kronprinzen Friedrich Wilhelm von Preußen, vieler anderer Fürstlichkeiten und einer unzählten Menge von Fremden und Touristen aus allen Weltgegenden ein besonderes Lustre erhielten. Der Canal, der von Port Said am Mittelmeere bis Suez am Rothen Meere eine Länge von 160 Kilometern hat, ist an der Wasserfläche 58—100 Meter, an der Sohle 22 Meter breit und 8 Meter tief, so daß er auch den größten Seeschiffen ungehinderten Durchgang gestattet; über-dies ist er mit mehreren Ausweichstellen für die Begegnung

der Schiffe versehen. Da die Benützung des Canales gegenüber dem großen Umwege um das Cap der guten Hoffnung,
die Seereise der Dampfer (von Southampton in England
gerechnet) nach Bombay um 24 Tage (von den Häfen des
Mittelmeeres gerechnet gar um 31—37 Tage) abkürzt, so
wies er vom Augenblicke der Eröffnung an, trotz der Höhe
des erhobenen Zolles, eine bedeutende Frequenz auf und
erwies sich als ein sehr lucratives Unternehmen. Dies
sowohl, als auch die Erkenntnis seiner hohen politischen
Bedeutung ließ in der Haltung der Engländer gegenüber
dem Suezcanal, die bislang eine mißgünstige gewesen, eine
plötzliche Wandlung eintreten; hatte auch England das
Zustandekommen der neuen Wasserstraße zu hintertreiben
gesucht, so trachtete es, nunmehr letztere zur Thatsache
geworden, die Vortheile derselben für sich einzuheimsen.
Hiebei fand England im Gang der großen Weltereignisse
eine unerwartete Unterstützung; kaum war der Suezcanal
fertig geworden, so kam der große französisch-deutsche Krieg
1870/71, in dessen Beginne das französische Kaiserthum mit
all seinen expansiven Tendenzen hinweggefegt wurde, während
dessen Ende auch die neubegründete französische Republik für
längere Zeit der Actionsfähigkeit nach außen beraubte. Das
niedergeworfene Frankreich mußte an das siegreiche Deutschland eine Kriegsentschädigung von 5 Milliarden Francs
zahlen; das gab eine prächtige Gelegenheit für England,
französische Werte, und in erster Linie Suezcanal-Actien,
an sich zu bringen; und als bald darauf auch der in Geld-
calamitäten gerathene Vicekönig von Ägypten seinen bedeu-

tenden Besitz an noch unbegebenen Suez-Actien an England
verkaufte, da war der größte Theil derselben in englische
Hände gekommen. Aus der französischen Suez-Compagnie
war allmählig, durch Ankauf der Actien, eine englische
geworden und ebenso allmählig gewöhnte sich die Welt daran,
den Canal selbst als eine Domäne England's zu betrachten.
Und „fällt der Mantel, muß der Herzog nach"! Das ganze
Ägypten erschien bald, im Lichte englischer Auffassung, nur
mehr als eine Dependenz des Suezcanales und noch sind
die Mittel „sanfter Gewalt" in allgemeiner Erinnerung,
durch welche England den begriffsstutzigen Vicekönig zu der
Richtigkeit seiner Anschauung belehrte! Kurz und gut, der
Suezcanal hatte die Handhabe abgegeben, mittelst welcher
England die Einbeziehung Ägypten's in seine Machtsphäre
bewerkstelligen konnte; hatte England Ägypten bereits seit
langem als eine wichtige Station auf seinem Verkehrswege
nach Ostindien, diesem Hauptfactor seiner Weltmacht, betrachtet,
so erhielt es durch die Eröffnung des Canales geradezu den
Charakter eines directen Verbindungsgliedes. Das Mittelmeer aber erhielt durch denselben eine unendlich erhöhte
Bedeutung, in erster Linie für England; wie ernst dieselbe
begriffen wurde, dafür zeugt die unter großen finanziellen
Opfern bewirkte Erwerbung der Insel Cypern, durch welche
die Zahl der englischen Mittelmeerstationen um ein höchst
wertvolles Glied vermehrt wurde. Cypern, dessen uralte
Zusammengehörigkeit mit Ägypten in diesen Zeilen öfter
hervorgehoben wurde, kann gewissermaßen als der befestigte
Brückenkopf des Suezcanales angesehen werden, von welchem

aus dessen nördlicher Eingang ebenso beherrscht wird, wie
der südliche von dem noch ferneren Aden aus; und durch
seine Erwerbung scheint die Reihe der festen Etappen auf der
Linie England - Ostindien geschlossen, indem nunmehr
Gibraltar, Malta, Cypern, das Nildeltaland und Aden die
Glieder einer zusammenhängenden Kette bilden. Mit dem
Suezcanale wurde gleichsam ein Fenster geöffnet, durch
welches der Blick aus dem beschränkten Raum des Mittelmeerbeckens auf die Welt Indien's, Ostasien's, des Sunda-
Archipel's und Australien's fällt und durch welches England
von seinem hochgelegenen Standpunkte aus die halbe Welt-
kugel überblickt.

Aber nicht nur England allein, auch die übrigen
europäischen Staaten blickten und blicken durch das geöffnete
Fenster in die Ferne. Mit Ausnahme von Österreich-
Ungarn, das sich principiell stets von jeder Colonialpolitik
ferngehalten, erhielten alle Großmächte durch den Suezcanal
kräftige Impulse zur Ausbreitung ihrer Colonialmacht;
es galt für diese, in der Occupation ferner Gebiete nicht zu
sehr hinter England zurückzubleiben. Nicht nur machte sich
der directe und indirecte Einfluss der Mittelmeerstaaten auf
die Nordküste Afrika's immer energischer geltend, indem von
Algier aus Frankreich seine Machtsphäre über Tunis erstreckte
und Italien Tripolis in seinen Interessenkreis zog, sondern
durch das offene Fenster des Suezcanales fiel der Blick
Frankreich's auch auf das ferne Ost-Asien und führte zur
Eroberung von Tongking; fiel der Blick Italien's auf die
Westküste des Rothen Meeres und führte zur Gründung der

Erythräischen Colonie; und fiel der Blick des Deutschen
Reiches auf das südöstliche Afrika; nicht minder erhielten
durch dasselbe die Aspirationen Rußland's eine neue Richtung. So laufen denn die Fäden der Weltpolitik, wie sie
bis zum heutigen Tage, immer verworrener und immer
unlösbarer ineinander verschlungen, gesponnen werden, zum
großen Theile wieder im Mittelmeere wie in ihrem Knoten-
punkte zusammen; nicht nur die Mittelmeerstaaten, sondern
auch die Großmächte des europäischen Nordens, England,
das Teutsche Reich und Rußland, erscheinen mit schwer-
wiegenden Interessen in seinen Bannkreis gezogen; der Orient
mit seiner ganzen Fülle von Zukunftsräthseln, der „Schwarze
Continent", aus jahrtausendelanger Lethargie allmählich erwa-
chend, sie gehen in diesem Bannkreise beinahe ohne Rest auf;
der ferne Osten beginnt die mächtige Gravitation desselben
zu fühlen und auf seiner, anscheinend unverrückbaren, breiten
Basis selbst zu erzittern; und sogar die westliche Hemisphäre,
so selbstbewußt und kraftstrotzend sie sich auch der directen
Beeinflussung durch die Alte Welt entzogen hat, beginnt mit
aufmerksamerem Ohre auf das Wogenrauschen des Mittelmeeres zu horchen, das vernehmlich über den Ocean bringt.
Was macht die Stimme dieses verhältnismäßig so kleinen
Meeres, das nicht mehr als den hundertfünfundvierzigsten
Theil der die gesammte Erdkugel bedeckenden Wasserfläche
bildet, so eindringlich und vernehmlich?

In letzterer inhaltschwerer Frage möge denn der vorliegende Essay, dessen Umfang das Maß des Zulässigen
vielleicht bereits überschritten hat, wie in einem abgerissenen

Schlußaccord ausklingen. Sollte es ihm gelungen sein, die
Antwort auf obige Frage zu geben oder auch nur in
schwachen Umrissen anzudeuten, so ist sein Zweck erfüllt;
ist es mißlungen, nun, so rauschen eben seine Worte in
leerem Schall zwecklos dahin, wie die Wellen des Meeres
gleichfalls zwecklos das Gestade bespülen, und haben sich
des gleichen Geschickes nicht zu schämen. — Auch eilen die
hiemit abbrechenden Zeilen des Essay's ihrem Abschlusse zu,
ohne einerseits die Ereignisse der letzten zwei Decennien,
andererseits den blühenden Aufschwung der neuesten mittelländischen, und besonders der österreichisch-ungarischen Schifffahrt zu berühren; sie wollen ja weder eine pragmatische
Geschichte, noch eine Darstellung des modernen Seewesens
bieten, sondern beschränken sich darauf, diejenigen Momente
und Factoren in ihrem inneren Zusammenhange heraus-
zugreifen und aneinander zu reihen, die das Mittelmeer zu
dem machen, was es war, was es ist, und was es sein
wird in aller Zeit: zum Herzen und gleichzeitig zum Kopf
des großen Welt- und Völkerlebens, zum „saufenden Web-
stuhl," an welchem der Weltgeist am geschäftigsten schafft und
wirkt. Die Fragen der Gegenwart mußten hier unerörtert
bleiben, oder durften höchstens in flüchtigster, leicht andeu-
tender Weise gestreift werden, wenn nicht, bei der in tiefstes
Dunkel gehüllten Natur ihrer dereinstigen Lösung, die ganze hier
versuchte Darstellung in ein leeres Phantasiegebilde auslaufen
sollte. Und eben letzteres will sie vermeiden; sie hat sich von
Anfang an streng auf dem Boden der realen Thatsachen
gehalten, und will diesen auch am Schlusse nicht verlassen;
daher zieht sie vor, statt aus den Prämissen eine theoretische
Conclusion zu ziehen, dies dem geneigten Leser zu überlassen;

und daher klingt sie in einen plötzlich abgebrochenen Schlußaccord, in eine Frage aus. Soferne aber der geneigte Leser
ein Bewohner der österreichisch-ungarischen Monarchie ist,
gleichviel, ob Österreicher oder Ungar; soferne er, unbeschadet
seines politischen und nationalen Glaubensbekenntnisses und
seines Staatsbürgerthums, die Machtstellung, die Wohlfahrt
und die politische Bedeutung der Monarchie, sei es im
Interesse der einen oder der anderen ihrer zwei Staaten-
gruppen, oder im Interesse der gemeinsamen Dynastie, am
Herzen trägt: so empfange er als Abschiedsgruß des Verfassers die herzliche Bitte, den Sinn der Frage freundlichst
in Erwägung ziehen und die Antwort sich selbst ertheilen
zu wollen. Der österreichisch-ungarischen Monarchie ist vom
Geschicke die Gunst zutheil geworden, am Mittelmeere einen
festen, unerschütterlichen Platz behaupten zu dürfen; an jenem
Mittelmeere, von welchem einer der größten Denker aller
Zeiten, Alexander von Humboldt, so schön wie wahr sagt:
„An keinem Punkte der Erde ist mehr Wechsel der Macht,
und unter geistigem Einfluß mehr Wechsel eines bewegten
Lebens gewesen" (Kosmos, 2. Band); möchte doch die Erkenntniß dieser Gunst je weitere Kreise ergreifen, je mehr
Blicke auf das ewig schöne blaue Meer lenken, und je mehr
kräftige Arme und kühne Herzen zu seinem Dienste locken!
Auf diesem Wege könnten die sich scheinbar widersprechenden
Prophezeiungen zweier patriotischer Seher: „Austria erit
in orbe ultima," und: „Magyarország nem volt, hanem
lesz," in glücklichster Harmonie vereint der Erfüllung ent-
gegengehen.

Inhalts-Verzeichnis.

Alphabetisches Namens- und Sachregister.

www.ingramcontent.com/pod-product-compliance
Lightning Source LLC
Chambersburg PA
CBHW021510210326
41599CB00012B/1206